新型人工电磁表面拓扑优化设计与应用

随　赛　著

国防工业出版社

·北京·

内容简介

本书基于新型人工电磁表面的拓扑特点和应用需求采用拓扑优化方法将周期性或准周期性排布的单元结构和材料参数进行离散编码，实现了多类新型人工电磁表面的优化设计和应用。本书首先概述了新型人工电磁表面拓扑优化设计的研究现状与不足；其次介绍了优化算法和拓扑优化联合仿真计算平台；最后介绍了以频率选择表面、超表面吸波材料、编码超表面、复合机理低雷达散射截面超表面、为应用对象开展拓扑优化设计的案例。

本书可以作为新型人工结构功能材料与器件行业从业人员的参考用书和研究生专业辅导书。

图书在版编目（CIP）数据

新型人工电磁表面拓扑优化设计与应用 / 随赛著.
北京：国防工业出版社，2025. 8. -- ISBN 978-7-118-13862-7

Ⅰ. O441.4

中国国家版本馆 CIP 数据核字第 2025J11X04 号

※

国防工业出版社出版发行

（北京市海淀区紫竹院南路 23 号　邮政编码 100048）

雅迪云印（天津）科技有限公司印刷

新华书店经售

*

开本 710×1000　1/16　**插页** 2　**印张** 10　**字数** 155 千字

2025 年 8 月第 1 版第 1 次印刷　**印数** 1—1500 册　**定价** 98.00 元

（本书如有印装错误，我社负责调换）

国防书店：(010)88540777　书店传真：(010)88540776

发行业务：(010)88540717　发行传真：(010)88540762

前　言

新型人工电磁表面是由亚波长结构单元按照一定规律排列的周期或准周期二维电磁表面结构，包括相位梯度超表面、频率选择表面、超表面吸波体和数字超表面等。新型人工电磁表面能使电磁波电场和磁场在表面界面产生特殊的反射/透射幅度和相位突变，从而实现电磁波传播方向、波阵面、极化态、传播模式等特性的调控，与传统人工电磁材料相比，新型人工电磁表面具有奇异多样的物理特性、简易精密的制备工艺和灵活丰富的设计自由度，在通信、隐身新材料与新技术、共形天线、智能蒙皮、光学器件等领域得到了长足发展和广阔应用前景的展现。本书基于新型人工电磁表面的拓扑特点和应用需求采用拓扑优化方法将周期性或准周期性排布的单元结构和材料参数进行离散编码，实现了多类新型人工电磁表面的优化设计和应用。

全书主要工作如下：基于拓扑优化设计的基本思想、理论及流程，研究了典型优化算法应用于新型人工电磁表面设计的实现方法。论述了新型人工电磁表面拓扑优化设计的一般理论与实现方法，编程搭建了具有优化算法的联合仿真平台。在频率选择表面方面，针对带宽、通带内插入损耗、带外抑制和角度稳定性等指标，采用加权组合法，构建了多目标优化函数，并结合拓扑结构对称性，建立了频率选择表面拓扑优化的模型。在超表面吸波体方面，针对吸波材料工作带宽、吸收强度、极化和角度敏感性等多目标特征开展研究工作，从拓扑构型和编码对称性入手，建立了超表面吸波体多目标优化基本模型。论述了编码超表面优化设计及其在雷达散射截面（radar cross section，RCS）缩减应用中的工作原理，提出了一种利用非线性拟合方法快速实现无 Pancharatnam - Berry（PB）相位的宽带编码超表面设计的算法，设计实现了一种宽频带低 RCS 的编码超表面。最后，论述了复合机理低 RCS 超表面拓扑优化设计理论与实现方法。

在本书的出版之际，作者由衷地感谢空军工程大学马华、胡剑波教授、王甲富教授的悉心指导和热情帮助。

本书的研究内容得到了：国家自然科学基金青年科学基金项目（编号：62201609）和中国博士后科学基金面上资助项目（编号：2022M723872）的资助。

由于作者水平有限书中难免存在纰漏，敬请广大读者批评指正。

作者

2024 年 10 月

目　录

第1章 绪论

新型人工电磁表面因其单元结构远小于波长和二维周期/准周期排列的特点，使电磁波电场和磁场在人工电磁表面界面能产生不同的反射/透射幅度和相位突变，从而实现电磁波传播方向、波阵面、极化、传播模式等特性的调控。鉴于其灵活的电磁波调控特性在通信、隐身新材料与新技术、共形天线、智能蒙皮、光学器件等领域具有广阔的应用前景。本书基于拓扑优化方法，通过离散编码序列将周期性或准周期性排布的单元结构和材料参数进行离散编码，利用多种优化算法，旨在获得具有特定性能的最优新型人工电磁表面构型。在展开本书研究工作之前需要对本书的研究背景和相关术语进行简要说明。

1.1 引言

自古以来，人们孜孜不倦地探索和追求着各种各样形态各异的材料，试图掌握其性能机理和使用方法。在人们认识和改造自然的过程中寻找新物质及其形态，并发挥主观能动性，创造性地设计并制备出新结构、新物质和新材料，在此过程中积累了丰富的经验，人类文明也因此烙上了诸如旧石器时代、新石器时代、青铜器时代、铁器时代等具有鲜明特点的时代印记。材料作为人类生活和生产的物质基础，扮演着人类认识自然和改造自然的工具的重要角色。其中在电磁波领域，自1864年J. C. Maxwell首次预测电磁波存在并由德国物理学家H. R. Hertz于1887年在实验室中验证其存在以来，得到广泛研究并应用于通信、医疗、军事等领域，极大改变了人们的生产和生活方式。在此之前由于肉眼对多数电磁波谱的不可见性，人们对电磁波的认识还仅局限在光学领域。早在公元前424年，欧洲有关透镜的记载就出现在古希腊阿里斯托芬的戏剧《云》中；中国战国时期的《墨子》一书叙述了凹透镜和凸透镜的成像规律；最古老的人工制品是在美索不达米亚的尼尼微所发掘出的石英透镜，大约出现在公元前640年。由此看来，人们对电磁波的认识和探索由来已久，自由地操控电磁波一直以来都是人们不断追求的目标。

在自然界中电磁波是由正交且相等的电场和磁场交替振荡产生并传播的一种横波，宏观世界的电磁规律服从麦克斯韦方程组，材料与电磁波的相互作用取决于材料的电磁性质，一般来讲是由介电常数 ε 和磁导率 μ 共同决定的，真空中的介电常数为 ε_0，磁导率为 μ_0，为方便起见通常我们取材料的相对介电常数 $\varepsilon_r=\varepsilon/\varepsilon_0$ 和相对磁导率 $\mu_r=\mu/\mu_0$ 来描述材料的电磁性质。根据材料电磁参数的取值电磁材料可大致分为四类，如图1-1所示一般来说绝大多数自然材料属于第一象限（$\varepsilon>0$，$\mu>0$），因其电场矢量 $\boldsymbol{E}$、磁场矢量 $\boldsymbol{H}$ 和波矢量 $\boldsymbol{k}$ 服从右手定则，被称为右手媒质，其中多数为非磁性材料（$\varepsilon>\varepsilon_0$，$\mu=\mu_0$）；第二象限（$\varepsilon<0$，$\mu>0$）和第四象限（$\varepsilon>0$，$\mu<0$），此时电磁波在介质中的传播振幅呈指数衰减，电磁波不能传播分别被称为电等离子体和磁等离子体；第三象限（$\varepsilon<0$，$\mu<0$）服从左手定则属于左手材料（left-handed material，LHM），ε 和 μ 的乘积仍然为正值，虽符合麦克斯韦方程组，但一直以来自然材料未发现介电常数和磁导率同时为负的材料，相关研究一直未得到足够重视。直到1967年苏联科学家V. G. Veselago首次在俄文期刊*Успехи физических наук*上发表论文，指出从麦克斯韦方程组推导理论上存在介电常数和磁导率同时为负，此时折射率 $n=-\sqrt{\varepsilon_r\mu_r}$ 也为负，这种电磁参数使材料具有许多新奇的物理特性，如负折射、完美透镜、逆切伦科夫辐射和反多普勒效应等被称为“左手材料”。不过这篇文章因语言限制导致受众较小加之自然界材料暂未发现这种电磁特性，即便次年在英文期刊*SOVIET PHYSICS USPEKHI*上重新发表仍未引起科学界的广泛关注。直到30年后英国帝国理工学院物理学家J. B. Pendry爵士在1996年和1999年相继提出周期性排列的长金属线可以实现负介电常数，开口谐振环可实现负磁导率。紧接着2000年美国加利福尼亚大学D. R. Smith教授在物理类顶级期刊*PHYSICAL REVIEW LETTERS*上撰文称首次利用周期性排列的金属铜线和开口谐振环组合，制备出了左手材料，因其奇特的性能被称为“超材料”（metamaterial，MM）。次年R. A. Shelby和D. R. Smith等在科学类顶级期刊*Science*上撰文，首次在实验室制备并验证了“二维”左手材料，观测到了负折射现象。2006年，J. B. Pendry等又提出变换光学理论，根据超材料等效媒质理

论利用超材料对电磁参数（ε 和 μ）的任意取值特性可以实现对电磁波的自由调控设计，从而实现了隐身套。自此，这几篇具有开拓性的重要文献开启了科学界对超材料的研究热忱，超材料的概念也不再仅局限于左手材料，有关超材料的理论研究、仿真和实验验证等工作如雨后春笋般呈现爆炸性的增长趋势，如图 1－2 所示，一系列诸如二维宽带“隐身衣”、透镜天线、超分辨成像等新奇的物理现象得以实现。

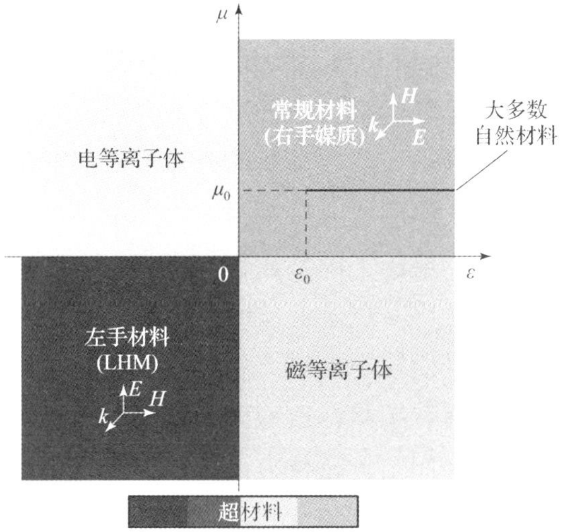

图 1－1　材料介电常数和磁导率空间

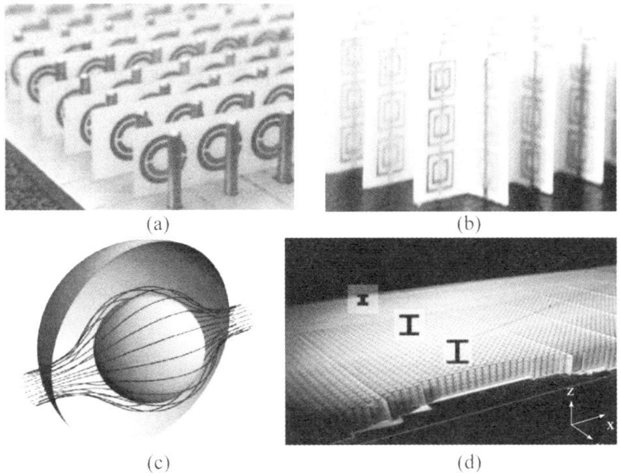

图 1－2　超材料奇异特性

（a）首次同时实现负介电常数和负磁导率；（b）首次实现负折射；
（c）基于光学变换理论的超材料隐身套示意图；（d）一种地毯式宽带隐身套结构。

超材料自进入人们视野以来凭借其强大的电磁波调控能力吸引着广泛的关注。随着超材料的发展和研究的深入，“新型人工电磁媒质概念”也不仅局限于电磁领域，出现了以光学超材料、声学超材料和力学超材料等为代表的具有传统自然材料所不具备新奇性能的复合结构或材料，超材料概念得到了极大丰富和拓展。然而，由于超材料工作带宽窄、谐振区域材料损耗大、模型体积大等固有缺陷，其在工程应用领域的发展受到限制。

通常新型人工电磁媒质是指三维结构超材料由于其谐振单元的尺寸远小于工作波长（通常小于 $\lambda/8$），从宏观上看超材料可以被等效为均匀媒质，相应地，其电磁特性可以和传统自然材料一样用等效介电常数 ε 和等效磁导率 μ 来表征，在此基础上衍生出利用 S 参数反演法提取等效参数的算法，但这种等效媒质理论仅适用于具有一定厚度的三维超材料（厚度至少为 λ），对于二维平面内排布的周期性单元所构成的平面型超材料则存在一些问题。另外，在三维结构设计中，人们利用超材料对电磁参数的自由调控特性可以在三维空间内设计出理想的折射率分布，进而控制电磁波出射面的相位分布，从而实现对电磁波波前的调控。电磁隐身套和超材料透镜天线正是基于这种设计思路，但对于仅具有亚波长厚度的二维平面结构超材料而言，空间相位累积所产生的空间相位渐变已不再适用，而通过超材料单元引入不同反射/透射表面相位突变，将不同超材料结构单元按照某种特定的组合方式进行排列，可实现电磁波传播方向、透射/反射相位、极化状态、传播模式等特性的自由调控，这种按照特定参数排列的二维平面超材料被称为新型人工电磁表面。本书所研究的亚波长尺度的新型人工电磁表面又称超表面（metasurface），其对应的英文翻译还有“metafilm”和“metescreen”。

1.2 超表面

1.2.1 超表面基本概念

超表面是由亚波长单元结构在二维平面内按照周期性或准周期性排列组成的新型人工电磁表面，是一种具有亚波长结构的二维超材料。从超表面的定义来看，超表面是超材料的一种拓展和延伸。相较于传统人工电磁表面如电磁带隙结构、光子晶体和传统频率选择表面等，利用新型人工电磁表面对电磁波的调控本质是利用亚波长结构谐振单元的电磁响应及其之间的耦合关系，通过设计单元结构和排列方式实现电磁波调控，如结合经典的电磁场理论产生的巴比涅互补理论、广义斯涅尔定律和惠更斯超表面等，另外二者的物理尺度也不尽相同。

超表面可以等效为具有特定导纳和磁阻抗的薄片，因此电磁波的电场和磁场在超表面界面产生不同的反射/透射幅度和相位突变，可以实现对反射/透射电磁波传播方向、相位、极化状态和传播模式等特性的自由调控，这种“相位突变”有别于三维超材料结构通过空间相位积累所产生的相位调控。正是由于二维超表面具有二维平面排布的特点，仅通过结构单元的电磁谐振来调控相位不依赖电磁波的空间传播相位积累，使超表面在体积和重量上远小于三维超材料，而且二维超表面相较于三维超材料更容易加工实现，这有利于器件的小型化。借助柔性介质基材和复合材料超表面，还可以实现柔性、可弯折特性，更有利于器件的结构功能一体化设计。正是由于超表面丰富的物理特性和优点，作为人工电磁超材料的重要研究分支之一，超表面从提出之日起就迅速成为国内外学术研究的热点和前沿。

超表面分类方式众多，不仅包含金属结构超表面、全介质超表面，还可按照传输特性分为反射型超表面和透射型超表面。随着超表面的发展和研究的不断深入，其所涵盖领域也不断得到拓展，俄罗斯圣光机大学 Stanislav B. Glybovski 教授将超表面按功能进行分类如图 1-3 所示。2012 年，美国国家标准与技术研究院 Holloway 等认为，人工电磁表面可按照单元结构尺寸划分为三大类：

（1）单元结构尺寸远小于工作波长如原子或分子构成的材料；

（2）单元结构尺寸小于或等于工作波长，本书所研究的超表面包含其中；

（3）单元结构尺寸大于或等于工作波长，如传统频率选择表面和发射阵列天线等可利用传输线理论进行分析，但同时也指出物理尺度并不是唯一的区分依据，尤其是在宽频带效应中如频率选择表面（frequency selective surface，FSS）与超表面结构相似，虽然在结构单元尺寸（通常大于 $\lambda/3$）上不一致仍可划分到超表面的广义范畴中，但需要明确的是因为单元结构尺寸增大由周期性带来的高阶 Floquet-Bloch 模式将不能忽略。

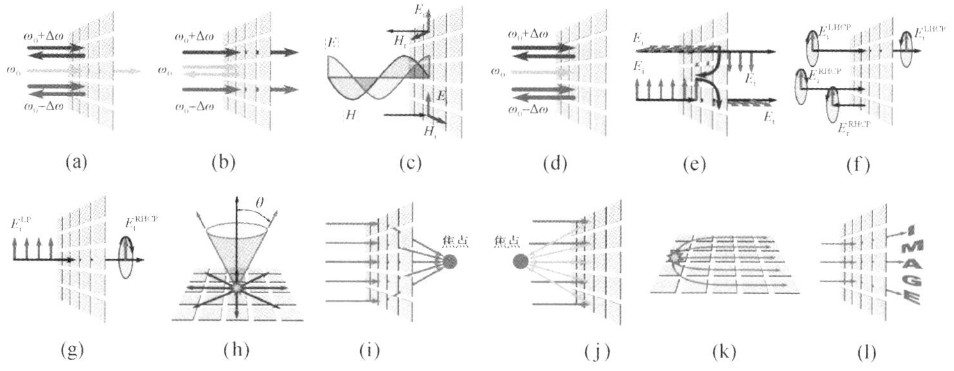

ω_0—中心频率；$\Delta\omega$—频率偏移量；E—电场分量；H—磁场分量；E_i—入射；
E_r—反射；E_t—透射；E^{LHCP}—左旋圆极化波；E^{RHCP}—右旋圆极化波；E^{LP}—线极化波。

图 1－3　超表面所能实现的功能

（a）带通型频率选择表面；（b）带阻型频率选择表面；（c）高阻抗表面；（d）窄带完美吸波；（e）极化转换器；（f）右旋圆极化频率选择表面；（g）线变圆极化转换；（h）二维漏波天线；（i）透射型聚焦；（j）反射型聚焦；（k）平面龙伯透镜；（l）全息成像。

1.2.2　超表面研究现状

超表面的研究起源可以追溯到 1999 年美国加利福尼亚州大学 Sievenpiper 教授所提出的通过蘑菇状结构单元调控色散曲线的二维电磁带隙结构（electromagnetic bandgap structure，EBG），之后诸多研究者就亚波长厚度的人工电磁材料展开研究，如高阻抗表面（high impedance surface，HIS）和 FSS 等。早在 2003 年 Kuester 等就提出了“metafilm”概念，次年 Falcone 等提出了基于巴比涅互补理论的“metascreen”概念，直到 2011 年哈佛大学 F. Capasso 教授等在 *Science* 期刊上撰文首次提出广义斯涅尔定律（Generalized Snell's law）和相位梯度超表面（phase gradient metasurface，PGM）的概念设计，并实验验证了中红外波段的异常反射/折射相位梯度超表面。通过引入对称性破缺的 V 型纳米天线阵列能够产生的 $0\sim2\pi$ 范围内的不连续相位突变，将这些具有不同突变相位的 V 型纳米天线按照特定相位分布排列（如梯度和同心圆环排列等），图 1－4（b）可以对散射电磁波提供额外的“人工波矢”，从而实现异常反/折射涡旋波束和聚焦等新奇特性，这种只需要对电磁波辐射强度和相位的空间排布进行合理设计的方法，为自由操控电磁波提供了较大的自由度和灵活的设计手段，因此该研究成果迅速引起了国内外研究学者的广泛关注，并在电磁波传播方向调控、传播模式调控、波阵面调控和极化方式调控等领域取得了丰硕成果和应用。

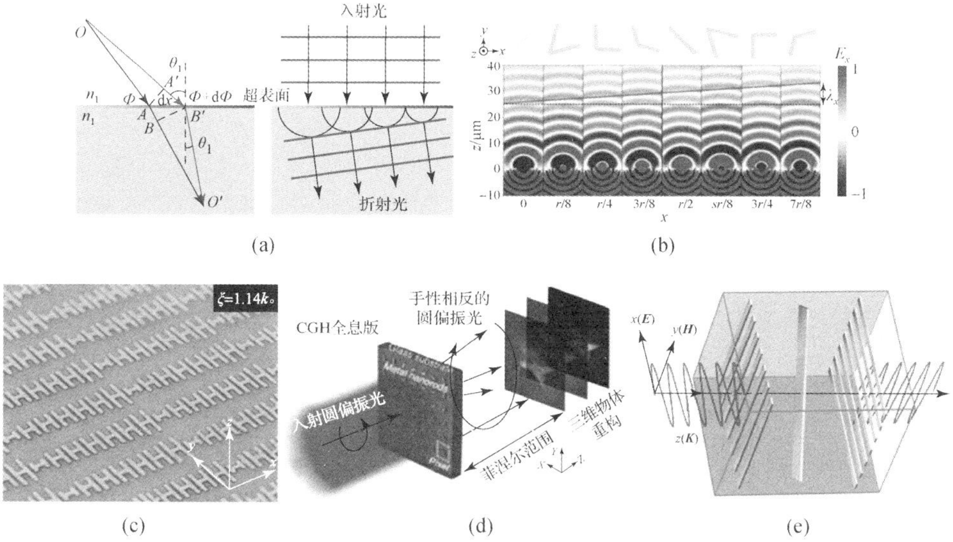

n_i 和 n_t—分界面两侧物质的折射率；θ_i—入射角；θ_t—折射角；Φ—A 点处入射电磁波的相位；$d\Phi$—相位偏移量；dx—超表面单元之间的间距；E—电场分量；H—磁场分量。

图 1－4 超表面奇异特性

(a) 广义斯涅尔定律示意图；(b) 相位梯度超表面实现异常反射；(c) 表面波耦合超表面实现电磁波传播模式调控；(d) 全息成像超表面实现电磁波波阵面调控；(e) 极化转换超表面实现电磁波极化方式的调控。

在电磁超材料和超表面的研究中，材料的电磁特性通常基于宏观连续的、均匀或非均匀的等效媒质参数（等效介电常数、等效磁导率、等效电极化率和等效磁极化率等）来描述这种设计思路类似模拟电路，因此也被形象地称为“模拟超材料/超表面”，但这种设计和分析高度依赖设计者经验积累和直觉，设计难度也会随着结构复杂度升高。东南大学崔铁军教授等于2014年提出了一种利用二进制离散编码的编码超表面、数字超表面和可编程超表面，其论文中将反射相位为0°和180°的两种单元分别用二进制编码“0”和“1”表示，通过改变二进制编码序列对应单元结构在二维平面内的排列即可实现对反射电磁波的调控，配合可编程逻辑电路可进一步实现现场可编程的超表面，通过对入射电磁波相位分布的实时调控可以实现诸如单波束、多波束和随机漫反射效果之间的自由切换，这种基于二进制比特流的超表面不再局限于传统等效媒质参数，转而通过单纯的比特流控制即可实现对空间电磁波的自由调控，极大降低了超表面设计的复杂度，概念一经提出便引起广泛关注。经过短短几年的发展，编码超表面已发展成为和传统超材料/超表面并驾齐驱的重要分支，如图 1 – 5 所示形象地将超材料/超表面研究类比成一棵茁壮成长的大树。

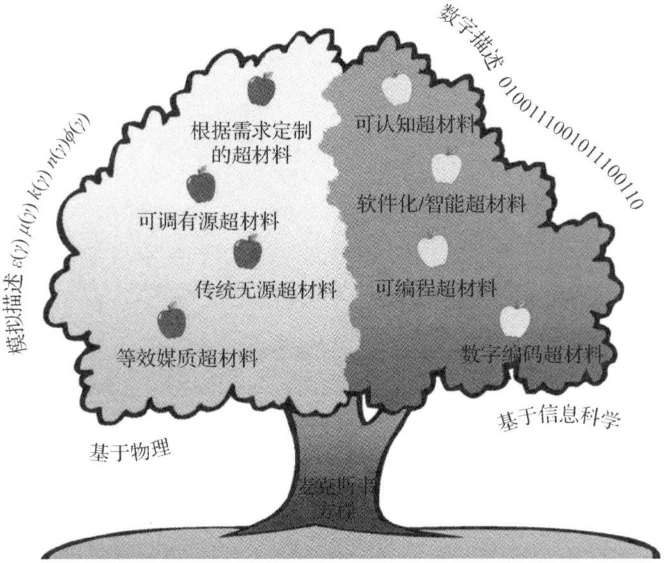

图 1 – 5　超材料分类树（包含两大分支：模拟超材料/超表面和数字超材料/超表面）

$\varepsilon(r)$—介电常数；$\mu(r)$—磁导率；$k(r)$—波矢；$n(r)$—折射率；$\Phi(r)$—相位。

综上来看，通过对超材料和超表面发展的简要回顾不难发现蓬勃发展的超表面研究领域已取得丰硕的成果，设计理论和手段逐渐丰富逐步过渡到实际应用的阶段。由于其独特的、新奇的物理特性在军事、医疗、智能蒙皮和通信等领域已得到逐步应用，但需要注意的是本书所关注的超表面设计对周期性或准周期性的单元结构参数、材料参数和空间排布方式有较大依赖性，因此要设计出符合实际应用标准的超表面是一个复杂的单目标/多目标优化问题，单纯依靠电磁学理论对特定超表面设计问题进行精准求解，重复性的实验抑或单纯依靠数值求解其计算代价和周期往往是无法承受的，这非常不利于超表面的工程应用推广和发展，于是基于优化算法的超表面设计方法应运而生。

1.3 超表面拓扑优化

最优化作为应用数学的一个重要分支，通常来说是在一定条件限制下通过某种方法使目标达到最优的方法，许多工程的核心问题都归结于优化问题，作为一个由来已久的研究课题可以向前追溯到中国古代的田忌赛马、古希腊等周问题等，最优化一直伴随着人类社会的发展，人们尝试通过数学手段进行优化设计，从简单的线性规划到复杂的非线性规划再到智能优化算法，已逐渐形成一个独立的学科并渗透到政治、军事、生活等各个层面。20 世纪以来随着计算机技术的高速发展，大规模的优化问题求解成为可能，最优化理论与算法的发展为超表面的实际应用奠定了坚实的基础。

超表面优化设计的分类方法有很多种，从优化问题的类型上可以分为无约束条件问题和有约束条件问题；从优化算法的种类上可以分为基于导数的优化算法、非梯度优化算法和仿生优化算法，作为优化问题的核心将在第二章详述；从优化对象上可以分为尺寸优化、形状优化和拓扑优化，其中拓扑优化是指一种根据指定负载、约束条件和性能指标在约束边界范围内对材料参数和结构参数进行优化的数学方法。拓扑优化相对于尺寸优化和形状优化具有更多的设计自由度，能够获得相对更大的设计空间。拓扑优化作为一种数值计算方法可以同时将结构参数、材料参数和物理性质综合考虑，其最早出现在结构力学领域后被拓展到流体力学等领域已取得广泛应用成果，如图 1-6 所示。拓扑优化最显著的特点就是通过抽象化的数学模型利用计算机进行自动优化设计，避免了人为经验和直观意识的干扰，在保证实现物理性质的同时能够获得性能优异的结构和材料参数。

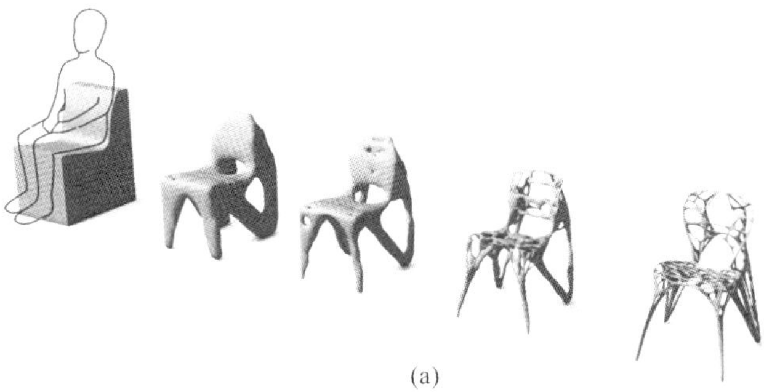

(a)

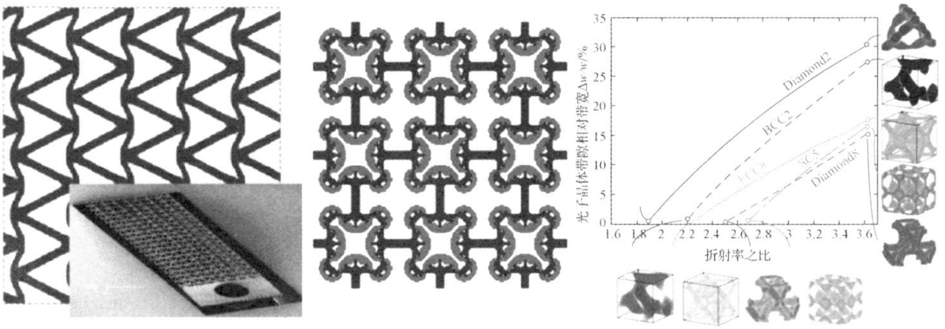

(b) (c) (d)

图 1－6 拓扑优化应用实例

（a）结构力学优化实例；（b）负泊松比材料；
（c）负热膨胀系数材料；（d）三维光子晶体带隙结构。

1.3.1 超表面拓扑优化基本概念

超表面作为调控自由空间电磁波的重要手段之一，已经在通信、军事和医疗等领域得以应用，在实际应用中人们往往追求经济上、功能上和环境要求等的最优配置方案。超表面的性能显著依赖周期性或准周期性结构单元及其排布方式，在给定电磁特性的前提下如何获得最优的超表面设计方案是一项具有挑战性的工作。鉴于拓扑优化设计在材料设计中的优点，以及其在材料结构优化设计领域取得的一系列成果，我们有理由相信拓扑优化能为我们设计出单纯依赖经验或直觉所不能设计出的新颖结构形式，以此来突破超表面应用限制。

超表面拓扑优化设计与大多数最优化问题一样要进行两项主要工作：第一，将实际问题抽象并通过数学语言进行描述，包括选择优化变量、确定目标函数、给定约束条件；第二，对数学模型进行必要的简化并选取适当的最优化方法对应的数学模型。对于一个明确的最优化问题可以通过数学语言描述为：在满足约束条件的前提下寻求一组优化变量使目标函数达到最优值：

$$\min f(x), \quad x \in D \subset R^n$$
$$\text{subject to}\begin{cases} h_l(x)=0, & l=1,2,\cdots,L \\ g_m(x)\leqslant 0, & m=1,2,\cdots,M \end{cases} \tag{1-1}$$

式中：$f(x)$为优化问题目标函数 x 为优化变量；$h_l(x)$和 $g_m(x)$分别为等式约束条件和不等式约束条件。当 $L=0$ 时优化问题退化为不等式约束条件，当 $M=0$ 时优化把问题退化为等式约束条件，当 $L=0$，$M=0$ 时退化为无约束优化问题。

对于超表面拓扑优化，如图 1－7 所示超表面拓扑优化设计首先将要设计的超表面单元进行离散化编码，包含对应结构的拓扑编码（通常采用二进制编码，理论上，编码长度越长表示离散程度越高，越能涵盖所有直观意识设计的结构。但在实际应用中，受制于算法寻优空间和收敛速度，需要合理安排)、对应尺寸参数和材料参数的参数编码（通常采用实数编码)，这样一来拓扑优化中的优化变量就覆盖了材料电磁参数和结构参数，再者根据编码超表面的设计思路还可进一步实现空间分布的编码，然后根据具体优化问题设置对应的优化目标函数（通常取最小化目标)。目标函数是评价优化变量对优化目标贡献的唯一指标，如频率选择表面的优化问题可以是工作带宽、带内插损和带外抑制等。按目标函数的数量划分，优化问题可分为单目标优化问题和多目标优化问题，目标函数值的演进决定优化进程的发展方向对于全局优化来讲逐渐并最终收敛于最优值。在超表面对自由空间电磁波进行调控的过程中我们通常关注其 S 参数作为最基本参数之一，通过 S 参数反演或变换可以得到等效电磁参数等。目前 S 参数的求解大多依赖数值计算方法，如有限元（finite element method，FEM)、矩量法（method of moment，MoM）和时域有限差分(finite difference time domain，FDTD）等，另外一些成熟的商业软件提供了较为方便的应用程序编程接口（application programming interface，API)，如 High Frequency Structure Simulator (HFSS)、CST Microwave Studio 和 FEKO 等软件方便用户根据需求随时调用，约束条件作为实际问题中的限定条件是保证结构参数和材料参数满足物理世界基本规律的重要保障，如几何约束关系和材料可用性等，合理设置约束条件能够有效减少寻优空间从而加快优化进程的收敛速度。为使设计过程更为清晰地展示，图 1－8 给出了超表面拓扑优化设计的一般流程，对于不同问题可以选择合适的优化算法和数值计算方法以达成最优化设计目标。

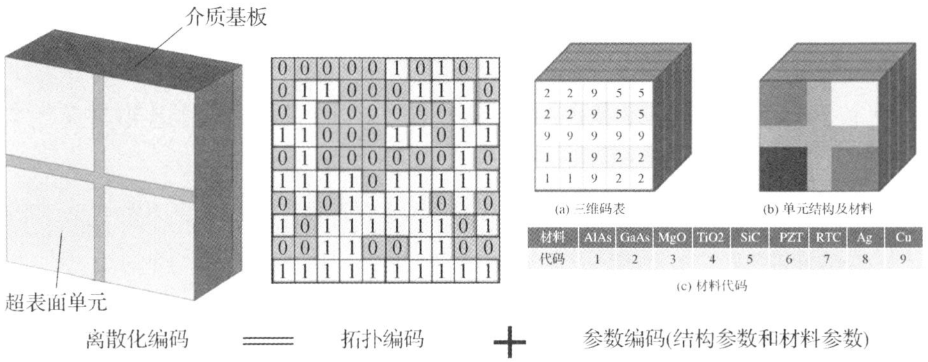

图 1－7　超表面拓扑优化示意图

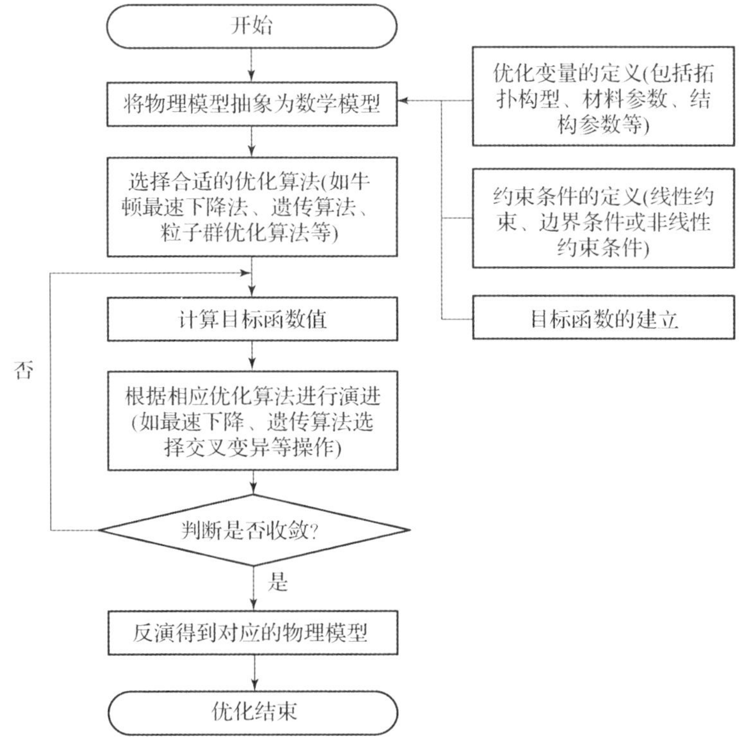

图 1－8　超表面拓扑优化设计流程图

1.3.2　拓扑优化研究进展及在超表面优化设计中的应用

拓扑优化作为一种数值计算方法尝试通过计算机自动设计的策略突破人为经验和直觉的限制，该方法可以同时将结构参数、材料参数和物理性质综合考虑，这正是超表面设计亟需的。

拓扑优化设计最早被应用在材料结构设计中，1988 年丹麦理工大学 M. P. Bendsoe 和 N. Kikuchi 首次实现了拓扑优化设计，紧接着 1999 年得克萨斯 A&M 大学 David C. Dobson 等首次将拓扑优化应用到二维光子晶体带隙结构的优化中取得了最大化的带隙效果（图 1－9）。由于光子晶体对材料参数和结构参数的依赖性较高，拓扑优化在该领域一经提出便受到关注，国内外学者围绕光子晶体带隙特性展开了一系列研究，实现了单一模态带隙最大化、完全带隙最大化、特定能带之间带隙最大化和多带隙优化等，类似的声子晶体的拓扑优化也取得了一系列成果。

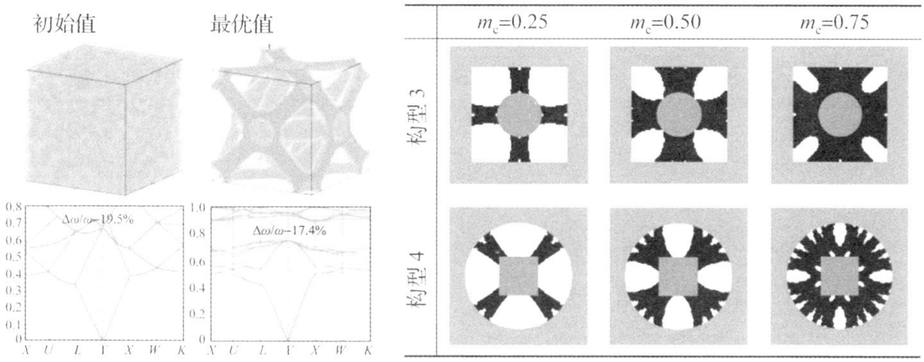

(a)　　(b)

图 1－9　拓扑优化设计应用实例

（a）三维光子晶体；（b）声子晶体。

在电磁波领域拓扑优化的概念引入较晚，2002 年和 2003 年美国宾夕法尼亚大学 D. H. Werner 教授等利用拓扑优化方法设计实现了高阻抗表面和吸波体。随后国内外研究学者利用这种方法进行了一系列优化设计，如频率选择表面、人工磁导体、吸波材料和天线等，这些设计虽都未提及拓扑优化的概念，但都可划分到超材料/超表面拓扑优化范围内，直到 2009 年丹麦科技大学 O. Sigmund 教授等将拓扑优化方法首次应用到超材料的优化设计中，设计实现了满足要求的负折射率超材料，自此拓扑优化设计得以正名，随后出现了一系列围绕优化算法、应用和性能改进等有关超材料/超表面拓扑优化展开的研究，如图 1－10 所示罗列了一些有关完美磁导体、微波波段隐身套和红外波段选择性辐射的研究。

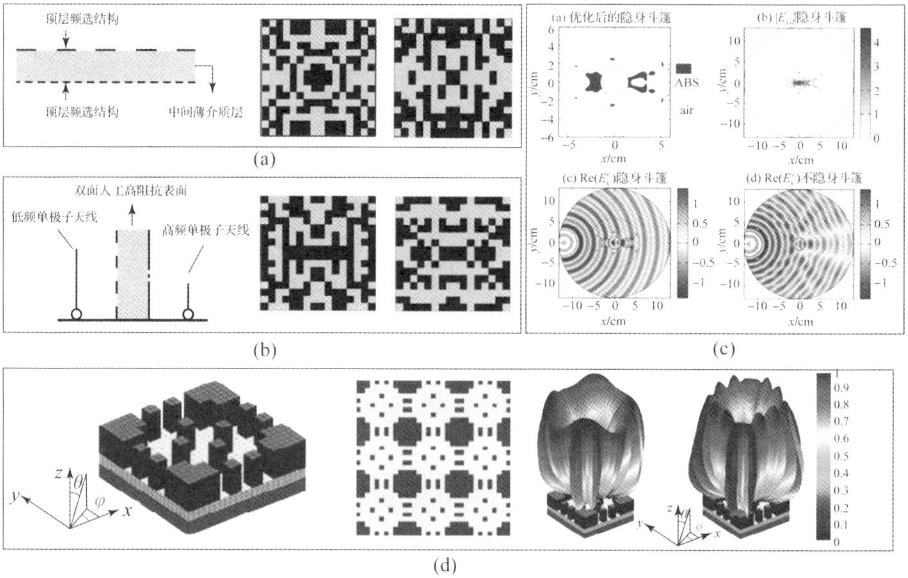

图 1-10　部分拓扑优化工作

(a) FSS 拓扑优化；(b) AMC 拓扑优化；

(c) 微波频段隐身套拓扑优化；(d) 红外频段角度选择性发射拓扑优化。

目前，国内超材料/超表面拓扑优化设计的研究仍处在起步阶段，大连理工大学刘书田教授课题组围绕电磁学和工程力学领域开展了左手材料微结构构型优化设计、特定性能电磁超材料微结构构型及功能器件优化设计和贴片型左手超材料的传输性能分析和构型优化设计等工作；北京交通大学汪越胜教授和张传增教授课题组围绕声/光超材料的拓扑优化设计展开研究；华中科技大学江建军教授课题组围绕频率选择表面宽带吸波体的优化展开研究；电子科技大学邵维教授组围绕全局混合算法及其在电磁优化中的应用开展了优化算法方面的研究；西安电子科技大学李龙教授课题组围绕电磁超材料吸波结构的研究与优化开展工作；东南大学崔铁军教授围绕快速设计算法和机器学习在电磁超表面优化中的应用开展研究；空军工程大学屈绍波教授课题组围绕拓扑优化编码和算法改进开展研究工作。

1.3.3　超表面拓扑优化现阶段存在的主要问题

近十年来，超材料/超表面拓扑优化设计在应用领域取得了丰硕成果，所能解决的问题越来越多并展现出其强大的应用潜力和发展前景，但随之而来亟待解决的问题也越来越多。目前，超表面拓扑优化研究主要包含两部分：一是算法领域的研究；二是应用领域的研究。

在算法领域，电磁场数值模拟计算分析方法为灵活分析目标的电磁性能提供技术支撑，凭借 FEM、FDTD 和 MoM 等全波分析的数值计算方法和图像处理技术，复杂电磁场问题在一定精度范围内迎刃而解。国际上较为成熟的商用有限元计算软件以其简单友好的交互界面和灵活的后处理，为用户提供方便直观的计算体验。针对计算精度和计算效率这一对天生的矛盾，无论是对数值计算方法的改进，还是选择合适的计算方法，一直以来都是电磁计算领域所追求的目标。另外，近期也出现了一些快速设计算法可以巧妙地规避全波仿真带来的耗时计算。算法领域另一重要分支是优化算法，它是保证超表面设计达到最优的关键，人们从自然界中受到启发提出了遗传算法、粒子群优化算法、鱼群算法、模拟退火算法等一系列自然启发式随机进化算法。这些优化算法相较于传统的优化算法具有全局搜索能力强和对目标函数连续可微无要求等特点，已经广泛应用于超材料/超表面优化设计中，但也存在寻优空间大、收敛速度慢的缺点，需要通过优化算法的合理选择和改进寻求解决方案。

在应用领域，超表面拓扑优化为电磁波的自由调控提供了系统性的工具。随着材料制备工艺的不断进步和应用领域的拓展，所设计的超表面已涵盖军事领域中降低雷达散射截面和目标伪装、医疗领域中传感和成像、通信领域中的天线设计和改性等，但超表面拓扑优化还缺乏系统性的设计工具。对于具体需求无法满足个性化定制需求的问题，建立一种涵盖各型超表面的拓扑优化设计工具，开发完成相应的软件，进而拓展超表面拓扑优化设计的应用广度和深度就显得格外重要。

1.4 本书的研究背景和主要内容

1.4.1 本书的研究背景

基于上述分析以新型人工电磁表面拓扑优化设计与应用研究作为研究课题，在国家自然科学基金“跨尺度多材质复合结构超材料优化设计理论与方法研究”(批准号：61471467)、陕西省超材料设计与应用重大基础研究创新团队基金

(批准号：2014KCT－05）和科技部国家重点研发计划“微波毫米波数字编码和现场可编程超构材料的理论体系与关键技术”（批准号：2017YFA0700201）的资助下，围绕拓扑优化联合仿真计算平台设计、超表面拓扑优化应用、超表面快速设计算法、编码超表面等方面开展研究。

1.4.2 本书的主要内容

全书围绕新型人工电磁表面拓扑优化设计与应用展开相关研究整体，分为前期准备工作、综述部分、本书主体部分和总结部分，本书的组织流程如图1－11所示。

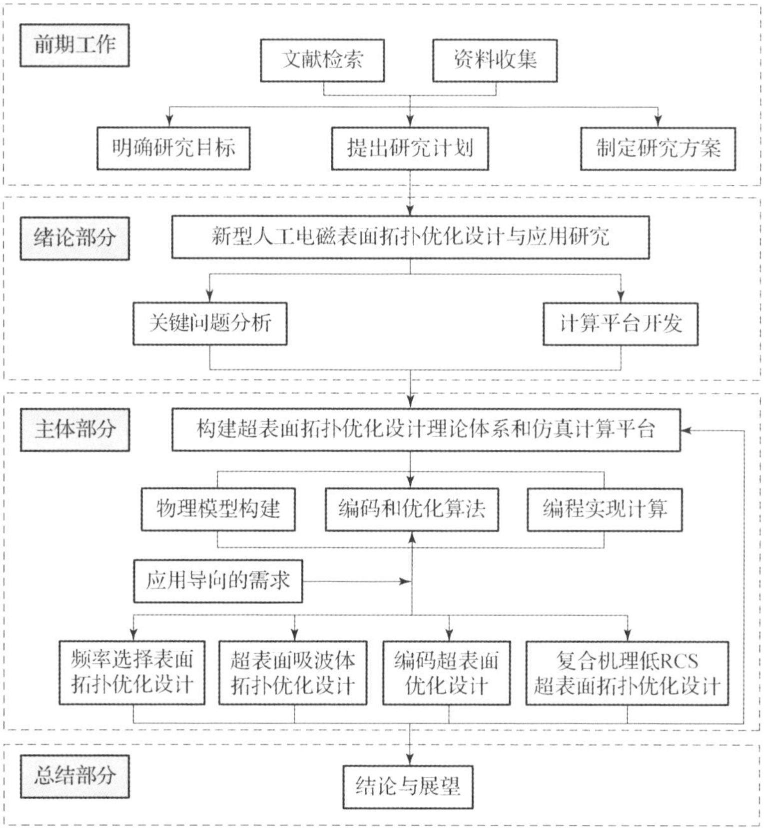

图1－11 本书研究计划与内容框架

第1章：综述部分简要介绍了新型人工电磁表面的基本概念，以及其在空间电磁波调控中的作用，回顾了超表面发展历史对超表面拓扑优化设计的基本概念、分类、发展现状、应用实例、现在所面临的问题进行了综述。

第 2 章：优化算法和拓扑优化联合仿真计算平台研究。作为自然启发随机搜索优化算法的典型代表，以遗传算法和粒子群优化算法为例介绍了优化算法的基本概念、仿生思想、基本理论和算法的改进方法。针对超表面拓扑优化应用需求，利用 MATLAB 中 GUI（Graphical User Interface）开发工具编程创建了联合仿真计算平台，并具有可视化操作界面，内部集成了多种优化算法方便实现超表面拓扑优化设计的个性化定制。

第 3 章：频率选择表面拓扑优化设计研究。通过对频率选择表面中通/阻带性能的分析，针对带宽、通带内插入损耗、带外抑制和角度稳定性等指标，利用加权组合法构建了多目标优化函数，结合拓扑结构对称性建立了频率选择表面拓扑优化的模型；进而对拓扑结构、材料参数和结构参数进行统一编码，利用拓扑优化联合仿真计算平台设计实现了多种类型的频率选择表面，分别应用于高带外抑制带通型频率选择表面、卫星隐身天线罩和 4G 通信天线罩。

第 4 章：超表面吸波体拓扑优化设计研究。通过分析不同类型超表面吸波体的特征和性能要求，针对吸波材料工作带宽、吸收强度、极化和角度敏感性等多目标特征开展研究工作，从拓扑构型和编码对称性入手建立了超表面吸波体多目标优化基本模型，设计实现了一种宽带吸波材料利用复合材料的成型工艺，制备了宽带吸波复合材料在 2 ~ 18GHz 频段内反射率小于 – 10. 5dB；利用多目标优化方法设计实现了一种大角度稳定、极化不敏感宽带吸波材料，电磁波垂直入射时工作频带在 8 ~ 18GHz 范围内反射率小于 – 16dB；入射角增大到 45°时带内反射率在横电模式电磁波（TE）和横磁模式电磁波（TM）模式下均小于 – 13dB。

第 5 章：编码超表面优化设计研究。编码超表面及其在雷达散射截面（RCS）缩减中的工作原理提出了一种利用非线性拟合方法快速实现无 Pancharatnam – Berry（PB）相位宽带编码超表面设计的算法，设计实现了一种宽频带低 RCS 的编码超表面，利用编码超表面强大的空间波束调控能力，类比天线接收机后端加载延迟线实现带内 RCS 缩减的思路，提出了一种天线带内低 RCS 优化设计方法，通过加载优化设计的超表面盖板可以在保证天线辐射性能不受影响的前提下实现天线工作频带内 RCS 缩减。通过对编码超表面空间电磁波调控机理的研究，提出了一种 1bit 多功能可重构编码超表面设计方法，利用最简单的手段仅通过控制编码单元占空比和单元取向，即可实现电磁波反射幅度、相位、极化的可重构控制，设计了一种能够实现调幅、调相和极化转换的可重构多功能编码超表面。

第6章：复合机理低RCS超表面拓扑优化设计研究。根据对称性破缺的思想提出一种基于对称性破缺的超表面吸波体，可用于改善周期性超表面吸波体的性能和指导其后期维护保养。通过分析多种RCS缩减方式提出一种基于复合机制的低RCS超表面拓扑优化设计方法，综合利用编码超表面和吸波特性结合拓扑优化实现“1+1>2”的RCS缩减效果。利用铟锡氧化膜的透光特性结合编码超表面对电磁波自由调控特点，设计实现了一种光学透明的低RCS超表面。

第2章

优化算法和拓扑优化联合仿真计算平台

2.1 引言

本章以自然启发式随机搜索优化算法的典型代表——遗传算法（genetic algorithm，GA）和粒子群优化（particle swarm optimization，PSO）算法为例，介绍了优化算法的基本概念、仿生思想、基本理论和算法改进方法，进而针对超表面拓扑优化应用需求，利用MATLAB中的GUI开发工具编程创建了联合仿真平台，平台具有可视化操作界面，内部集成了多种优化算法方便实现超表面拓扑优化设计的个性化定制。

优化算法是指基于某种思想或机制的一种搜索过程或规则，通过这种规则来得到满足用户问题的解。通常按照优化机制不同优化算法主要分为经典优化算法、构造型优化算法和智能优化算法，其中智能优化算法在长期实践中被证明较经典优化算法更具有全局搜索能力强和鲁棒性、可移植性好的特点。人们从自然环境中受到启发，小到染色体的遗传过程大到动物群体（如鸟群、蚁群等）的自组织群智能行为再到大气运动规律等，总结并提出了多种智能优化算法，其中GA和PSO算法作为最具代表性的智能优化算法，是通过模拟或揭示生物学中进化和遗传、鸟群觅食行为发展而来的，其本质是一种迭代算法，其思想涉及数学、生物学和计算机科学等方面，为解决复杂问题提供了新的思路和手段。这两种智能优化算法具有全局搜索和并行高效的优化性能，以及对目标函数无连续可微鲁棒性强、通用性强等优点，其实用性已在工程优化、资源分配、城市规划、优化调度等领域得到了广泛验证。因此，本书选择GA和PSO算法来进行超表面拓扑优化设计。

2.2 遗传算法

人们受进化论和种群遗传学的启发提出了一种由生物进化规律演化出的搜索和优化方法即进化算法（evolutionary algorithm，EA）。进化算法包括四个主要分支，即遗传算法、进化策略（evolution strategies，ES）、进化规划（evolutionary programming，EP）和遗传规划（genetic programming，GP），其中遗传算法是最受关注的优化算法。

2.2.1 遗传算法的生物学背景

遗传算法的生物学背景是模拟达尔文生物进化论的自然选择和遗传学机理。1859年达尔文在其《物种起源》一书中提出了一种生物进化理论，其核心就是自然选择学说，物种在其生命延续的过程中逐渐适应生存环境的变化，在此过程中产生“物竞天择适者生存优胜劣汰”的结果，物种的品质得到不断改进并遗传至后代，这种生命现象称为进化。1985年，孟德尔提出了遗传学的基本定理——分离定律和自由组合定律，解释了生物遗传的基本规律。后经人们证实物种的遗传和进化是受携带遗传信息的染色体重组、交叉和变异控制的。生物进化从微观上表现为染色体的改变和改进，从宏观上表现为自身形态和环境适应能力的变化，二者表现为“表里相一”的状态，在这一过程中生物进化通过不断循环迭代使自身达到优化的目的。

2.2.2 遗传算法的起源和发展

遗传算法的起源可以追溯到20世纪60年代美国密西根大学Holland教授等在研究生物学、人类社会及控制领域中动态系统适应性问题时利用生物模拟技术，通过计算机仿真模拟出一种基于生物和进化机制的适应于复杂系统优化计算的算法。遗传算法作为学术名词第一次出现在1967年Holland教授指导的博士Bagley的学位论文中，1971年Hollstien在其博士论文中首次将遗传算法应用于函数优化，详述了遗传算法用于数学反馈控制的方法和二变量函数的优化问题，1975年Holland教授在其专著*Adaptation in Natural and Artificial Systems*中系统阐述了遗传算法的基本理论和方法，书中所提到用以解释遗传算法的工作机理的模式理论在遗传算法发展中具有里程碑意义。1983年Goldberg在其博士论文中首次将遗传算法应用于实际工程问题——煤气管道优化中，归纳总结了遗传算法的主要研究成果，提出了遗传算法的基本框架——简单遗传算法（simple genetic algorithm，SGA），为现代遗传算法提供了科学指导。从20世纪80年代开始，国内外研究学者围绕遗传算法设计、收敛性分析和研究、机器学习和算法的实现及应用等方面展开研究，随着研究的不断深入，遗传算法在机器学习、人工智能、函数优化等研究领域得以广泛应用，并不断从广度和深度方面发展出一系列改进型遗传算法、多目标优化算法和并行遗传算法等性能优异的优化算法。

2.2.3　遗传算法的基本原理

遗传算法利用简单的编码技术和繁殖机制来表征复杂的生物遗传进化现象，为了便于理解，在开始基本原理和实现过程的陈述前有必要明确相关术语，如表 2 - 1 所示。

表 2 - 1　遗传算法中相关术语及其含义

术语	解释
基因（gene）	基因是染色体的一个片段，通常为单个参数的编码值
染色体（chromosome）	所有基因组成的数据结构，所有优化参数的编码串，通常为二进制或整数串
种群（population）	一定数量的个体集合称为种群
种群大小（population size）	又称种群规模，种群中个体（染色体）的数量
搜索空间（search space）	如果问题的解能用 N 个实值参数集表示，则认为搜索工作是在 N 维空间进行，这个 N 维空间称为该问题的搜索空间
代（generation） 父代（parent） 子代（child/offspring）	代指迭代过程中的各层级；父代指迭代过程中层级较高的代，即当前代中被选中进行交叉变异遗传操作的个体；子代指迭代过程中层级较低的代，即经过遗传操作所产生的个体
适应度（fitness/cost）	反映个体性能的一个数值，即对目标函数或理想优化性能的贡献度，是区分种群中个体好坏的唯一标准
选择（selection）	选择父代中个体进行遗传操作以产生后代的过程
交叉（crossover）	两个染色体之间通过交叉重组形成新的染色体的过程
变异（mutation）	染色体的某一基因发生变化，产生新的染色体的过程
小生境技术（niching/elitism）	父代中不进行交叉或变异操作，直接进入子代种群中的技术，又称精英保留策略

遗传算法的工作流程可以概括为：根据待求解优化问题的目标函数构造一个适应度函数，然后按照编码规则生成一定规模的初始染色体之后对群体进行评价，利用遗传算子进行遗传操作产生新一代种群，如此反复迭代直至获得满意的适应度，或达到算法所设定的最高迭代次数，从而获得一个或多个最优个体作为问题的最优解，基本流程如图 2 – 1 所示。

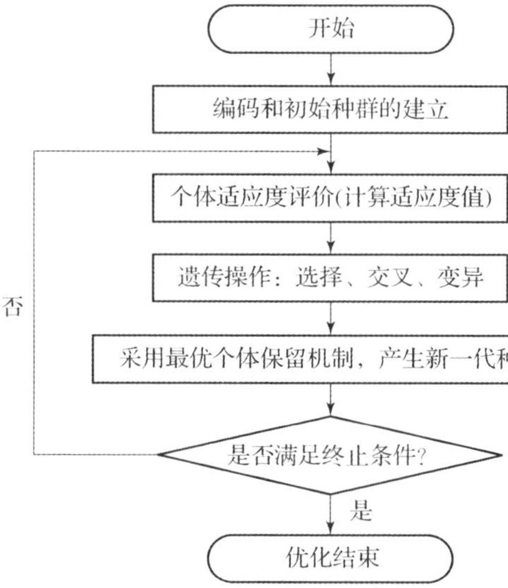

图 2 – 1　遗传算法流程图

遗传算法实现过程中的主要要素包括编码与译码、适应度评价、遗传操作和终止条件，下面就遗传算法基本要素进行说明。

1. 编码与译码

由于遗传算法不能直接处理解空间的数据，需要进行表现型到基因型的编码工作，换言之就是要把具体物理模型或数学模型通过编码的方式描述出来，这种从问题空间向编码空间的映射称为编码。通常是一定长度的二进制编码或实数编码，与之相对应的从编码空间到问题空间的映射称为译码。

2. 适应度评价

在遗传算法中为模拟自然界中适者生存、物竞天择的自然法则需要对个体的适应性进行评价，适应度函数既是用来区分种群中个体好坏的判定标准，也是算法进行选择的唯一判断依据。在实际应用中往往要根据具体的问题定义一个或多个适应度函数，适应度值越低表明个体的生存能力越强。

3. 遗传操作

遗传算法的核心操作是遗传算子：选择、交叉和变异。遗传算法依次按照选择、交叉和变异的顺序进行，利用遗传算子产生新一代群体，如此反复迭代来实现群体优化，算子的设计是遗传策略中的主要组成部分，也是调整和控制进化过程的基本工具。

1）选择算子

按照一定规则选择算子，从当前进化群体中选择适应度高的个体放入交配池中，个体适应度越高被选中的概率就会越大，交叉算子只能从交配池中随机选取个体进行交叉操作。常用的选择算子主要有偏置轮盘选择（roulette wheel selection，RWS）法和锦标赛选择（tournament selection，TS）法，如图 2 - 2（a）所示在 RWS 法中个体按照适应度值的大小进行排序，轮盘中区域大小与适应值成比例，每转动一次轮盘将通过指针随机选择一个个体。如图 2 - 2（b）所示在 TS 法中依然遵循适应度越高被选中概率就越大的原则，一定比例的个体被随机选出并进入缓冲池，通过比较这些缓冲池中个体的适应度值最终选出所需个体，这样就避免了适应度较低个体始终不能被选中的情况。

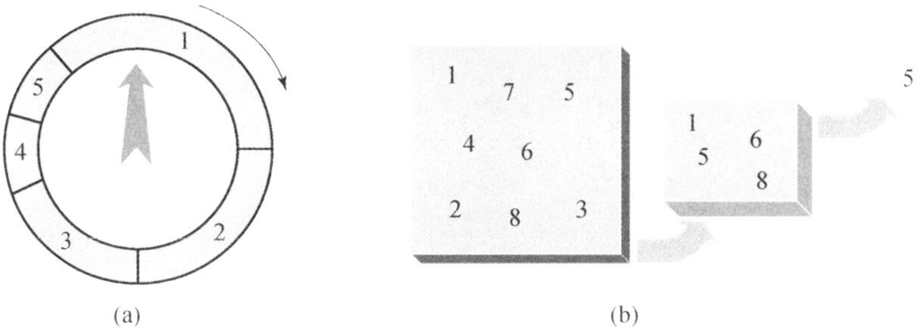

图 2 - 2　遗传算法中选择操作

（a）偏置轮盘选择法示意图；（b）锦标赛选择法示意图。

2）交叉算子

交叉算子是两个染色体之间通过交叉而重组形成新的染色体过程。交叉运算是模拟生物进化过程中有性繁殖的基因重组过程。首先，在当前群体中选取两个个体，按照给定的交叉概率 $P_c > \mathrm{random}(0,1)$ 在染色体的基因中确定交叉位置之后，将两个个体对应基因位到末尾的基因进行交换形成两条全新的染色体，这种操作被称为单点交叉如图 2－3（a）所示，除此之外还有多点交叉、均匀交叉和算术交叉等，如图 2－3（b）给出了多点交叉示意图。

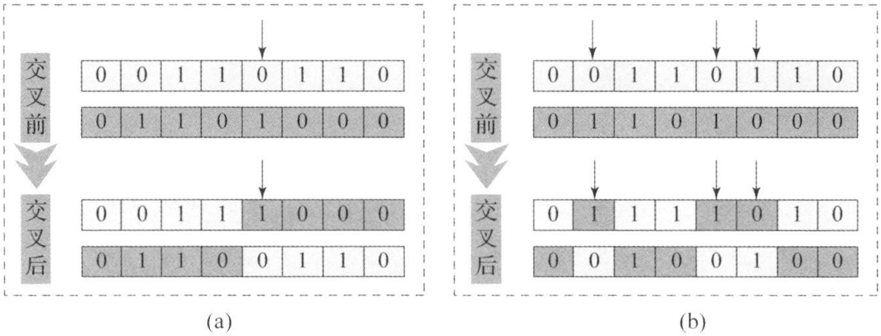

图 2－3　遗传算法中交叉操作

（a）单点交叉示意图；（b）多点交叉示意图。

3）变异算子

染色体的某一基因位发生变化产生新的染色体表现出新的性状。变异算子正是模拟了生物进化中的基因突变，将某个基因位上的基因变异为其等位基因，以二进制编码为例变异算子按照给定给的变异概率 $p_m > \mathrm{random}(0,1)$ 改变某个个体的某一基因位以生成新个体，如图 2－4 所示。变异概率一般不宜取值过大容易破坏种群的收敛性，所以一般取[0.0001,0.1]。

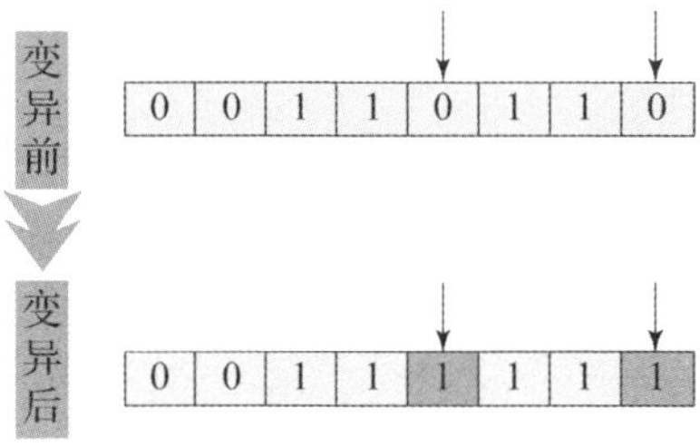

图 2－4　变异操作

4. 终止条件

遗传算法作为一个反复迭代的随机搜索过程需要设定明确的终止条件，最终获得一个或多个最好的个体作为最优解。通常遗传算法的终止条件可以设定为：最大迭代（进化）次数一般取值 100～500，根据适应度变化趋势，当适应度值趋于缓和或小于设定偏移值时达到预定的适应度值。

2.3　粒子群优化算法

粒子群优化（PSO）算法是一种基于群体智能理论的全局优化方法，是模拟鸟类群体在捕食过程中产生的合作和竞争行为。因其操纵简单、易于实现和不依赖初始值等优点已经被广泛应用于工程实践，与 GA 相比 PSO 算法保留了基于种群的全局搜索策略，同样遵循自然界的进化法则，另外其特有的记忆使其可以动态跟踪当前的搜索情况从而调整搜索策略。

2.3.1　粒子群优化算法的生物学背景

人们研究了蜂群、鸟群和鱼群中个体协调运动之间没有冲撞的隐含规则，通过模拟发现每个个体在运动过程中始终保持与相邻个体的距离最优。鸟群觅食时，在未发现食物前的运动过程中，时而同步飞行，时而无组织地分散飞行，时而编队重组，这种无集中控制下的自组织形态反映出个体间通过相互交流协作的智能行为，具体表现为假定在某确定区域内有且仅有一块食物，某鸟群中所有鸟事先都不知道其位置，在鸟群觅食的过程中总有那么一只鸟嗅觉较灵敏表现出对食物大致方向的敏锐洞察力，换言之这只鸟拥有判断食物位置的较好信息；而在群体觅食的过程中个体之间时刻存在信息交流，特别是好的信息，在这种利好消息的引导下鸟群不断搜索离食物最近的这只鸟的周围区域，这种相对集中的密集小范围搜索使得鸟群更加接近食物，而在这种不间断的迭代过程中使得鸟群无限接近食物并最终觅食成功。PSO 算法通过类比鸟群觅食过程将优化问题中的解集类比为鸟群，而食物位置对应最优解，觅食中的迭代行为就是算法的演进过程。

2.3.2　粒子群优化算法的起源和发展

1987 年和 1990 年 Reynolds 和 Heppner 等在研究鸟群运动中发现规律，并对其运动方式进行了模拟，虽未涉及优化计算领域但从此开启了 PSO 算法的序幕。1995 年美国的 Kenney 和 Eberhart 撰文提出了 PSO 算法相较于同类型进化算法的 GA，作为一种基于迭代的优化算法无需 GA 中的遗传操作，而是通过粒子在解空间中的位置和速度变化实现最优目标的搜索。因其算法简单易行、参数少、收敛速度快、全局寻优效果好等优点，在PSO算法提出后至今的短短30多年里吸引了广大国内外研究学者的广泛关注，得到了充分发展和研究衍生出一系列改进型优化算法，如自适应粒子群优化算法、二进制粒子群优化算法和混沌粒子群优化算法等。PSO算法也被广泛应用于函数优化、生产调度、资源分配和人工智能等领域。

2.3.3 粒子群优化算法的基本原理

在PSO算法中优化问题的解集被类比成搜索空间中的一个没有体积没有质量的飞行粒子，所有粒子都由确定的目标函数评价其适应度值，每个粒子都有一个速度矢量来决定粒子下一步的飞行方向和距离。PSO算法工作流程可表述为：首先，初始化一群随机粒子；其次，粒子们根据个体和群体的飞行经验的综合分析动态调整各自的速度，在解空间中不断迭代直至最终找到最优解。在迭代过程中粒子通过跟踪两个极值来更新自己：一个是粒子本身到目前迭代次数位置所能找到的最优解称为个体极值，记作pbest；另一个是整个种群目前所能找到的最优解称为全局极值，记作gbest。每次迭代过程中每个粒了根据当前的pbest和gbcst通过式（2-1）来更新自己的速度和新的位置：

$$
\begin{aligned}
v_{ij}^{k+1} &= w \times v_{ij}^{k} + c_1 \times r_1 \times (\mathrm{pbest}_{ij}^{k} - x_k) + c_2 \times r_2 \times (\mathrm{gbest}_{ij}^{k} - x_k) \\
x_{ij}^{k+1} &= x_{ij}^{k} + v_{ij}^{k}
\end{aligned}
\tag{2-1}
$$

式中：w为惯性权重；i为第i个粒子；j为速度（或位置）的第j维；k为当前迭代次数；v_{ij}^k和x_{ij}^k为第k代中第i个粒子的第j维的速度和位置；c_1和c_2为学习因子，取值范围为$c_1, c_2 \in [0,4]$；r_1和r_2为$[0,1]$之间的随机数；pbest_{ij}^k为第k代中第i个粒子P_i在第j维的个体极值；gbest_{ij}^k为第k代中第i个粒子P_i在第j维的全局极值。为便于直观理解，图2-5给出了PSO算法流程图。

PSO算法初始化过程比较简单不需要大量的参数，根据一些经验总结在此给出PSO算法相关参数的设置：粒子数量及种群规模对于一般优化问题粒子数量取值在[20,40]范围内，对于多模态函数优化问题粒子数量可以取[100,300]；惯性权重w作为影响PSO算法收敛的重要参数可以控制粒子之前的速度对当前速度的影响，因此当权重较大时全局搜索能力较强，权重较小时局域搜索能力较强，通常惯性权重取1.2；学习因子对算法的收敛性影响不大通常

取 $c_1 = c_2 = 2$；终止条件可以设定为最大进化代数，如 500、1000 等也可设定为目标函数值阈值或适应度值变化小于某设定阈值。

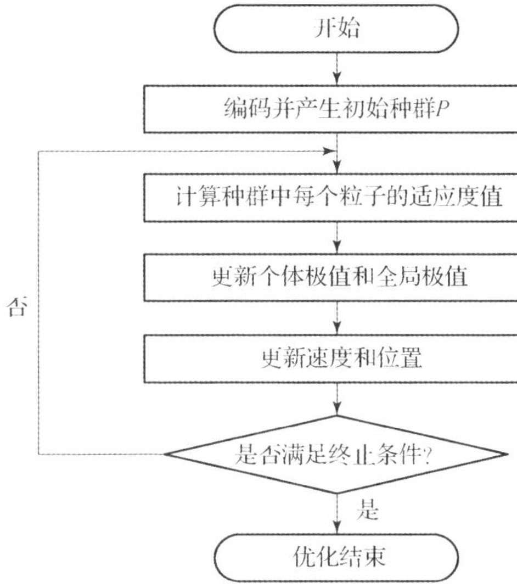

图 2－5　PSO 算法流程图

2.4　多目标优化

前面主要讨论的是单目标函数最优化问题，在实际工程中常是更为复杂的多目标优化问题，其优化数学模型为

$$\min F(x) = \{f_1(x), f_2(x), \cdots, f_N(x)\}, \quad x = \{x_1, x_2, \cdots, x_n\} \in D \subset R^n$$

$$\text{subject to} \begin{cases} h_l(x) = 0, & l = 1, 2, \cdots, L \\ g_m(x) \leqslant 0, & m = 1, 2, \cdots, M \end{cases} \tag{2-2}$$

式中：$f_i(x)$ 为优化问题子目标函数；x 为 n 维优化变量；$h_l(x)$ 和 $g_m(x)$ 分别为等式约束条件和不等式约束条件。当 $L = 0$ 时优化问题退化为不等式约束条件，当 $M = 0$ 时优化把问题退化为等式约束条件，当 $L = 0$，$M = 0$ 时退化为无约束优化问题。

在多目标优化中多个子目标同时参与优化，而往往这些子目标之间存在相互冲突，照顾了一个子目标的利益就必然会影响其他子目标。因此，针对多目标问题优化通常没有绝对的最优解或唯一解，多目标优化中的最优解通常称为

Pareto 最优解。这里仅介绍两种最常用的多目标优化解决方法：加权组合法和基于 Pareto 的多目标遗传算法。

加权组合法是将各子目标函数 $f_i(x)$ 按照重要性分配权值系数 w_i，然后求和构建统一的目标函数 $F(x)$，即

$$F(x) = \sum_{i=1}^{N} w_i f_i(x), \quad \sum_{i=1}^{N} w_i = 1 \cap w_i \in [0,1] \tag{2-3}$$

式中：w_i 为对应 $f_i(x)$ 的权值系数，其取值大小取决于子目标的重要程度需人为地事先设定。

基于 Pareto 的多目标遗传算法是通过某种策略构造 Pareto 最优解集（通常是构造进化群体的非支配集）。本书采用 Deb 等于 2000 年提出的 NSGA – Ⅱ（non – dominated sorting in genetic algorithm）算法，其具体工作流程为：首先，生成初始种群 P；其次，对 P 进行遗传操作（选择、交叉和变异）得到新的群体 R；再次，采用一定的策略构造 $P \cup R$ 的非支配集 NDset，一般情况下设计算法时已设置了非支配集的大小，本书中为 N，若当前支配集 NDset 的大小大于或小于 N 时需要按照某种策略对 NDset 进行调整，调整时使其满足大小要求同时也必须使其满足分布性要求之后判断是否满足终止条件，若达到终止条件则结束，反之进入下一轮迭代过程，依次循环直至达到终止条件，具体流程如图 2 – 6 所示。

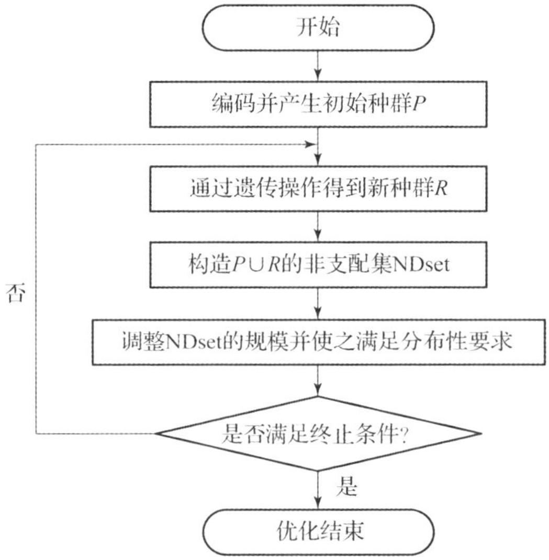

图 2 – 6　基于 Pareto 的 NSGA – Ⅱ 的流程图

2.5　拓扑优化设计联合仿真计算平台设计

为实现上述优化算法在人工电磁超表面拓扑优化设计中的应用，同时为了使设计过程变得简单直观，基于 MATLAB 软件的图形工作界面（graphical user interface，GUI）工具设计并编程开发了拓扑优化联合仿真计算平台。下面简要从平台的设计原则和层次结构、平台的总体设计框架、平台的主要设计步骤、平台的窗口界面设计和平台各模块的功能设计五个方面，对该联合仿真计算平台进行介绍。

2.5.1　平台的设计原则和层次结构

在 MATLAB 的 GUI 开发环境中每个界面对象包括若干个不同的用户界面菜单对象、用户界面控件对象和坐标轴对象构成，其树状层次结构如图 2－7 所示。

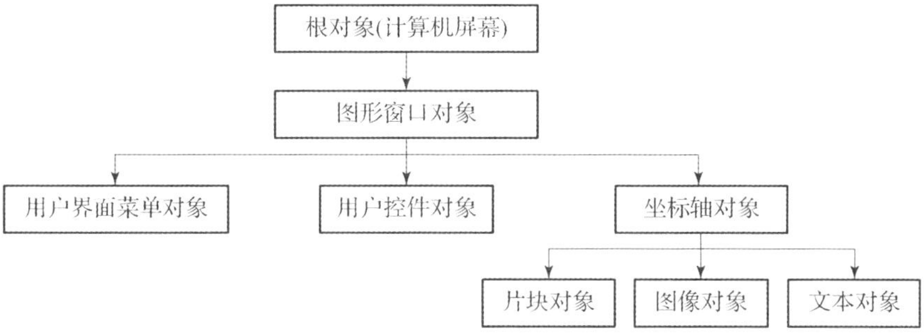

图 2－7　GUI 对象树状层次结构

本平台集成多种优化算法能够完成多种类型超表面的拓扑优化设计，主要面向具有一定专业素质的人工电磁超材料/超表面研究人员。为方便使用和后期自定义拓展，一般来说 GUI 的设计主要遵循以下几点原则。

（1）界面简洁和易用。该 GUI 平台开发的初衷就是避免复杂烦琐的编程工作，面向用户时力求使设计的交互界面简洁、清晰、功能区块划分明显，更多地关注平台的实用性和紧凑性。

（2）控件风格的一致性和惯用性。在同一平台中保证所有界面的样式和风格保持一致。

（3）平台具有良好的通用性和可扩展性。针对不同类型的超表面拓扑优化设计，在目标函数设置和算法参数的设置上力求使其具有良好的通用性，方便用户使用。同时，针对不同类型的设计平台，允许自定义目标函数和优化算法等方便用户自定义地扩展。

2.5.2 平台的总体设计框架

该平台作为拓扑优化设计的仿真计算平台主要能处理：①通过选取适当优化算法（遗传算法、粒子群优化算法和二者混合算法）并进行相关参数设置；②不同类型超表面拓扑优化的目标函数定义涵盖频率选择表面、超表面吸波体等；③利用 API 接口调用电磁仿真软件 CST 完成超表面拓扑优化设计中模型建模和仿真功能；④对仿真所得数据文件进行后处理完成画图操作并进行实时显示。

根据平台能完成的主要功能，本平台可以划分为文件基本操作、图像处理、优化问题设置、约束条件、优化算法参数设置五个模块，为清晰展示平台的总体框架结构，见图 2－8。

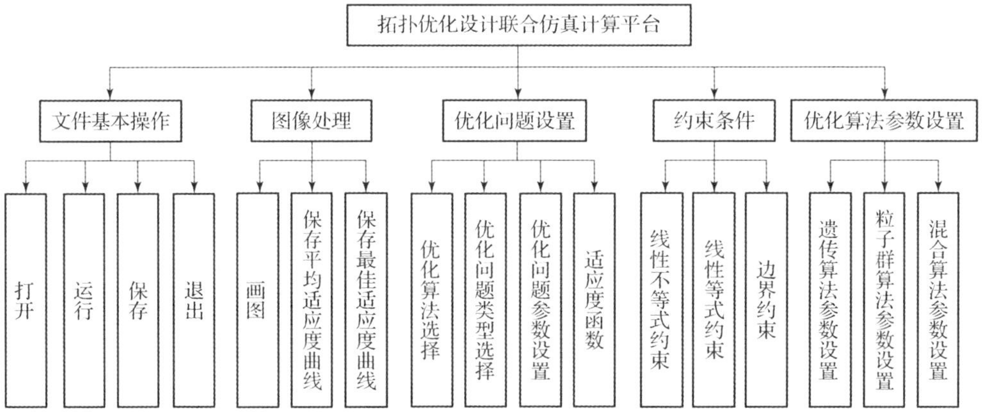

图 2－8　平台总体框架结构

2.5.3 平台的主要设计步骤

GUI 的开发主要分为用户界面设计和程序编写两部分，具体步骤如下。

（1）根据平台联合仿真计算的要求罗列平台功能需求。

（2）根据用户需求列出平台结构框架图，并根据框架图对各模块的操作界面及组件进行设计。

（3）利用 MATLAB 中 GUI 工具箱完成各模块界面的静态界面，并通过编程完成界面与对应程序之间的连接。

（4）调试 MATLAB 与 CST 之间的通信并对实现的功能进行测试。

2.5.4　平台的窗口界面设计

本平台界面可以划分为文件基本操作、图像处理、优化问题设置、约束条件、优化算法参数设置五个模块，如图 2－9 所示主要利用命令按钮、文本框、单/多选框、滑块、下拉菜单等方便键鼠操作的方式进行交互。

图 2－9　拓扑优化联合仿真计算平台界面

2.5.5　平台各模块的功能设计

由于该平台的各模块在实现的过程中牵扯到 MATLAB 和 CST 之间的通信，而拓扑优化中的建模和仿真部分需要通过 VBA 脚本语言进行控制，整个过程相对复杂，这里仅选取几个典型的功能模块进行介绍。

1. 问题设置

该模块主要完成的是优化算法的选择和优化算法的参数默认设置，以及超表面拓扑优化类型和适应度函数的建立，其中我们对之前介绍的两种优化算法GA和PSO算法以及二者的混合改进型算法进行了集成，以下拉菜单形式呈现，选中相关算法后系统会默认对算法中的相关参数，如种群大小等进行初始化设置如图2－10（a）所示；针对不同类型的超表面拓扑优化设计同样采用下拉菜单的形式，在系统中集成了单通带频率选择表面、双通带频率选择表面、超表面吸波体等预定义的优化问题，同时支持自定义不同类型的优化问题如图2－10（b）所示。选中相关预定义优化问题，系统将调用默认的适应度函数并自动隐藏不相关模块，当选择自定义优化问题时需要用户自行根据实际需求定义适应度函数，如图2－10（c）和（d）所示。

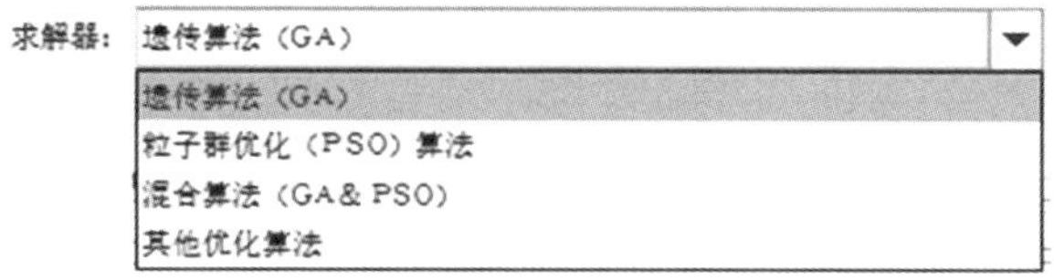

(a)

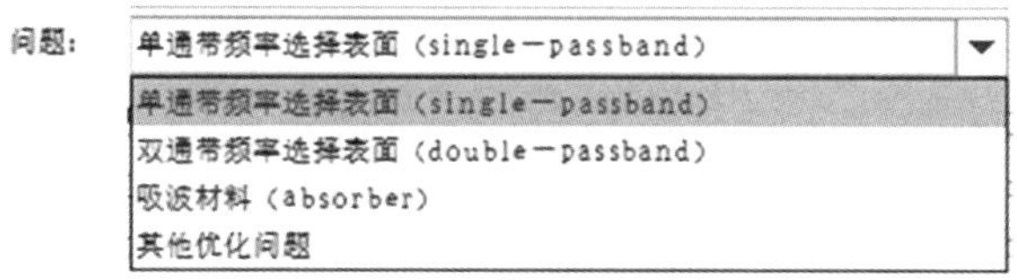

(b)

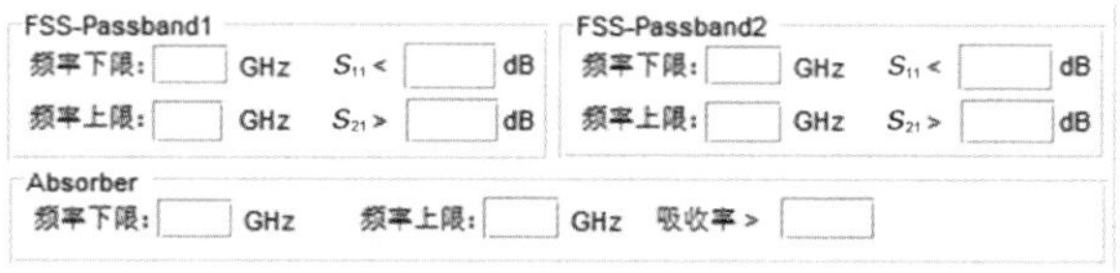

(c)

(d)

图2－10　问题设置模块

（a）优化算法的选择；（b）优化问题类型；

（c）预定义优化问题类型对应的参数设置；（d）自定义优化问题时的警告弹窗。

关键代码如下：

```
selection = get(hObject,'value');% 下拉菜单选项选择
switch selection
case 1 % 如果选择 GA,则求解器定义为 GA,并进行默认参数设置
    set(handles.uipanelgaset,'Visible','on');
    set(handles.uipanelpsoset,'Visible','off');
    set(handles.uipanelhybirdset,'Visible','off');
      options = gaoptimset ( ' PopulationType ', ' doubleVector ',
      'PopInitRange',[ -10;10],…});
    options.MutationRate = 0.05;
    solver = str2func('ga');
case 2 % 如果选择 PSO,则求解器定义为 PSO,并进行默认参数设置
    solver = str2func('particleswarm');
    set(handles.uipanelgaset,'Visible','off');
    set(handles.uipanelpsoset,'Visible','on');
set(handles.uipanelhybirdset,'Visible','off'); options = optimoptions
(solver,'Display','iter','SwarmSize',20,'MaxIter',200,'StallIterLimit',
60);
    set(handles.edit28,'string',options.SwarmSize);
```

2. 优化参数设置

此模块主要完成对应优化算法的参数设置功能，在上面问题设置模块中我们已经提到当选定优化算法后系统将以默认参数对优化算法进行初始化，利用优化参数设置模块可以根据用户自身需要自定义地设置相关参数，以满足收敛性和收敛速度等方面的要求。本模块同样采用隐藏式标签设计只显示选中优化算法对应的标签，如图 2－11 所示。

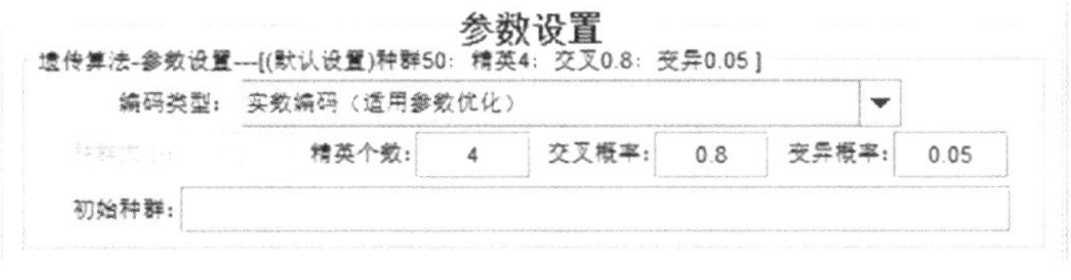

(a)

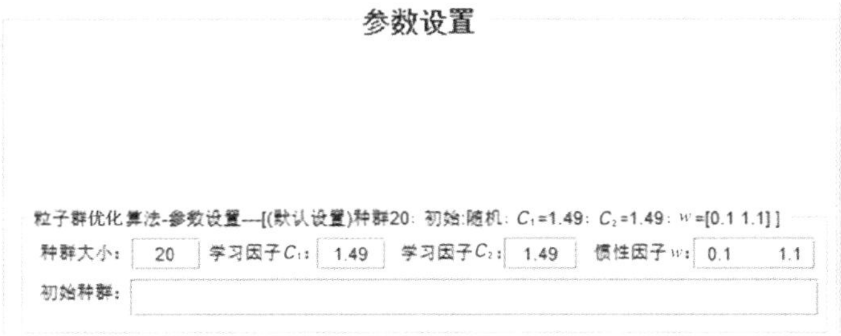

(b)

(c)

图 2－11 隐藏式标签设计

（a）GA；（b）PSO 算法；（c）GA 和 PSO 混合算法。

3. 文件基本操作

该模块主要完成文件的打开、运行、保存和退出等基本文件操作。在此我们以运行为例，介绍一下该平台是如何利用 MATLAB 和 CST 完成联合仿真运算的，如流程图 2－12 所示给出了优化算法中电磁仿真和适应度计算的迭代优化过程。

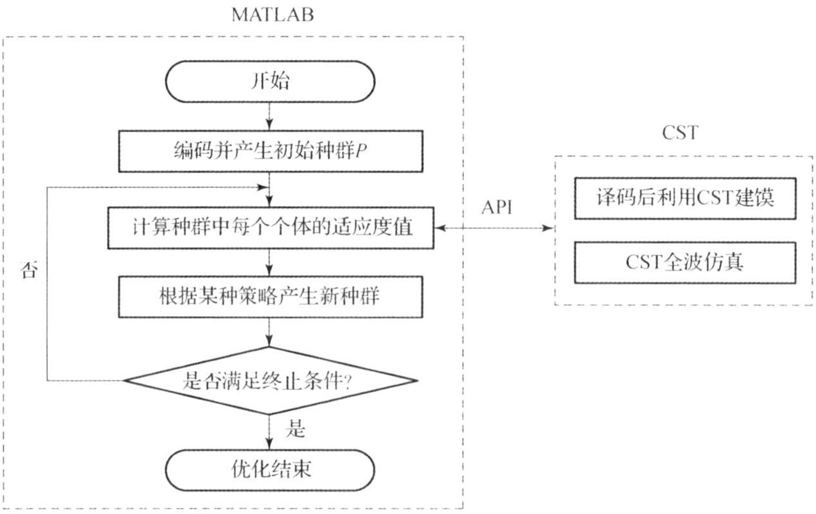

图 2－12 MATLAB 和 CST 联合仿真流程图

MATLAB 通过提供的 API 接口调用 CST 的关键代码：

```
cst = actxserver('CSTStudio.application');% 激活 CST
mws = invoke(cst,'NewMWS');% 新建一个工程
app = invoke(mws,'GetApplicationName');% 获取当前工程名
ver = invoke(mws,'GetApplicationVersion');% 获取当前 CST 版本号
fullfilename = which('TopologyOptimization.cst');% 获取 CST 文件的路径
invoke(mws,'OpenFile',fullfilename);% 打开要优化的工程
invoke(mws,'StoreParameter','length',length);% 参数赋值
invoke(mws,'Rebuild');% 更新模型
invoke(solver,'Start');% 使用时域求解器进行求解
invoke(mws,'SelectTreeItem','1D Results\S-Parameters\S1,1');% 选择计算出的 S11 结果
invoke(plot1D,'PlotView','magnitudedb');% 以 dB 方式画出 S11,并导出到指定目录
invoke(plot1D,'Plot');
invoke(export,'Reset');
invoke(export,'FileName',['C:\…',name,'.txt']);
invoke(export,'Execute');% 执行
```

4. 分布式计算加速

该模块主要利用 CST 的分布式计算工具完成联合仿真中分布式运算。图 2-13 给出了 CST 分布式计算工具的工作流程，通过建立分布式计算主控单元（DC main controller）可以将众多分布式计算节点连接起来，用户只需要通过 CST 前端即可实现工作进程的分发和回收，极大提高了迭代计算过程中的计算效率。

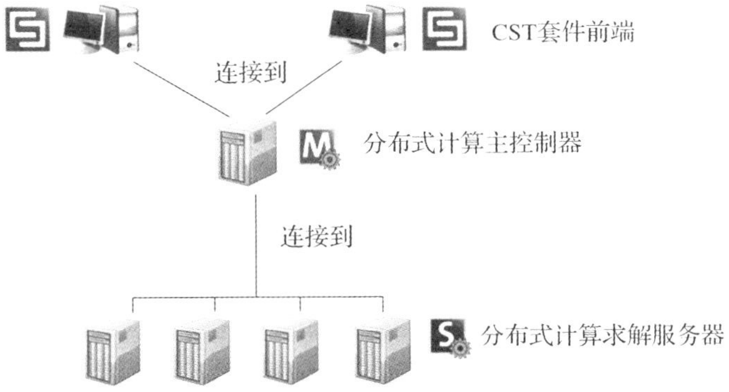

图 2-13 CST 分布式计算示意图

2.6 小结

本章首先介绍了优化算法 GA 和 PSO 算法的基本概念、仿生思想、基本理论和算法改进方法；其次，以加权组合法和 NSGA - Ⅱ多目标优化算法为例，介绍了多目标优化问题中目标函数的处理方法，针对超表面拓扑优化应用需求，利用 MATLAB 中的 GUI 开发工具编程实现了联合仿真计算平台，并具有可视化操作界面以方便实现超表面拓扑优化设计的个性化定制，平台预留自定义接口可方便用户自行扩展。

第3章
频率选择表面拓扑优化设计

3.1 引言

频率选择表面（frequency selective surface，FSS）是由二维平面内周期性排列的金属贴片或孔径单元组合对空间电磁波表现出空间滤波的特性，即FSS对空间电磁波的选择随频率的变化而变化，使特定频段的入射电磁波通过或阻止，对频带外入射电磁波表现出截然相反的特性。按传输性能的不同，FSS可大致分为贴片型和孔径型两类，在工作频带内对入射电磁波分别表现出阻带和通带的特性，因其独特的空间滤波特性，早在20世纪60年代无论是在军事还是在民用领域都得到了广泛关注，如机载通信天线罩、卫星通信天线罩、电磁兼容/屏蔽和WLAN/Wi-Fi/Wi-Max等。随着超表面研究的兴起，FSS作为空间滤波器的特性与超表面空间电磁波调控的特性十分相似，虽然在结构单元尺寸（通常大于$\lambda/3$）上不一致，但许多学者将其划归到广义超表面范畴中，但Holloway等通过分析发现周期性增大导致FSS的高阶Floquet-Bloch模式不能忽略，主张单元结构尺寸并不是区分超表面与频率选择表面的唯一标准。由于FSS和超表面在拓扑优化中可以通过类似的拓扑构型进行建模，并且二者具有类似的空间电磁波调控作用，故在本书中我们将FSS划归到广义超表面范畴进行研究。

传统FSS可以通过等效模拟电路的方式进行研究，FSS单元结构被等效为相应的等效电容C和等效电感L，根据谐振电路理论可知谐振频率$f_0=1/2\pi\sqrt{LC}$高度依赖等效电容和电感，因此通过合理设计FSS的结构形状及材料体系就可以实现功能各异的FSS，但通常FSS优化设计涉及单元结构、周期性大小、材料参数、结构参数等因素，是一个复杂的优化问题。本章建立了FSS拓扑优化设计的拓扑构型，通过智能优化算法 GA 和 PSO 算法对多种类型的 FSS 进行研究，并探索了 FSS 优化目标函数建立及优化过程，以应用需求为牵引设计实现了三种带通型的 FSS。

3.2 频率选择表面的多目标优化问题描述

不失一般性地我们以带通型 FSS 为例，对 FSS 拓扑优化设计拓扑构型和目标函数进行阐述。拓扑优化的拓扑构型设计是将 FSS 结构按照一定的策略进行离散编码，其本质是将物理模型抽象为数学语言（二进制字符串），如图 3－1 所示。双层 FSS 加载在介电材料上，对于每层来说，可以离散为 $N \times N$ 个方形贴片，与之相对应地产生一个长度为 $N \times N$ 的编码串，显然当这种像素点足够小时可以模拟出任意拓扑结构，不过随之而来的是对应编码长度呈指数级增长，所带来的寻优负担是无法承受的，所以一般根据实际情况选择合适的离散度。通过引入旋转对称的机制进行编码可以极大减少编码单元的长度，同时不同的对称结构还可使 FSS 对入射电磁波表现出极化不敏感的特性，如图 3－1（b）所示：采用旋转中心对称结构，可使编码长度减少为原有长度的 1/8。与编码相对应的是译码过程，通过优化算法得到的解集需要通过译码过程，完成 FSS 建模和仿真，如图 3－1（c）所示：对于某一位编码来说，如果为“1”则表示对应像素点位置存在金属贴片，反之如果为“0”则表示空白。至此利用这种编码和译码规则，我们就建立了拓扑构型与编码序列之间的映射关系。

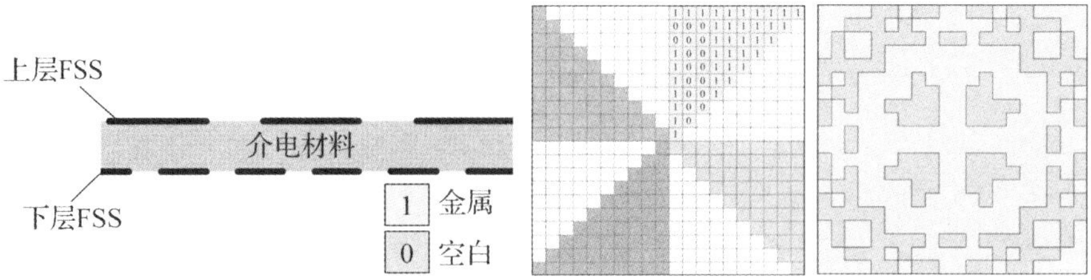

(a)　　(b)　　(c)

图 3－1　FSS 拓扑构型离散化示意图

（a）FSS 剖面示意图；（b）旋转对称结构中编码分布示意图；（c）对应编码的结构示意图。

对于带通型 FSS，通常我们关注通带的工作带宽、带内插损、带外抑制度等主要设计指标，如某带通型 FSS 要求 3dB 工作带宽为$[f_{\min}^{\text{passband}}, f_{\max}^{\text{passband}}]$，带内插损小于 1dB，带外抑制要求在$[f_{\min}^{\text{stopband}}, f_{\max}^{\text{stopband}}]$频率范围内 S21 < -30dB，显然这是一个多目标优化问题，为实现这样的设计目标利用 2.4 节中介绍的加权组合法目标函数可定义为

$$\min F(X) = 1 - \left(w_1 \times \frac{\sum_{i=1} \Delta f_i^{\text{passband}}}{f_{\max}^{\text{passband}} - f_{\min}^{\text{passband}}} + w_2 \times \frac{\sum_{j=1} \Delta f_j^{\text{loss}}}{f_{\max}^{\text{passband}} - f_{\min}^{\text{passband}}} + w_3 \times \frac{\sum_{k=1} \Delta f_k^{\text{stopband}}}{f_{\max}^{\text{stopband}} - f_{\min}^{\text{stopband}}} \right)$$

$$\text{subject to} \begin{cases} w_1 + w_2 + w_3 = 1 \\ X = \{x_1, x_2, \cdots, x_M\} \in R^M \end{cases} \tag{3-1}$$

式中：$\sum_{i=1} \Delta f_i^{\text{passband}}$ 为工作频带内满足 S21 > -3dB 要求的频率间隔求和，$\sum_{i=1} \Delta f_i^{\text{passband}} / (f_{\max}^{\text{passband}} - f_{\min}^{\text{passband}})$ 取值范围为[0,1]，该值越大表示工作频带满足要求的频率点越多，即越能满足通带要求；$\sum_{j=1} \Delta f_j^{\text{loss}}$ 为工作频带内满足插入损耗要求的频率间隔求和，$\sum_{j=1} \Delta f_j^{\text{loss}} / (f_{\max}^{\text{passband}} - f_{\min}^{\text{passband}})$ 取值范围为[0,1]；$\sum_{k=1} \Delta f_k^{\text{stopband}}$ 为工作频带内满足插入损耗要求的频率间隔求和，$\sum_{k=1} \Delta f_k^{\text{stopband}} / (f_{\max}^{\text{stopband}} - f_{\min}^{\text{stopband}})$ 取值范围为[0,1]；w 为权重系数。

本章利用 GA 完成 FSS 拓扑优化设计，根据之前所介绍的拓扑优化联合仿真计算平台的工作原理，在保证每次迭代中个体数值仿真计算的准确性的同时，还应将 GA 的参数设置对优化过程收敛的影响充分考虑进来，以满足优化效率的要求。种群规模取 20 或 50，最大进化代数设为 200，终止条件采用之前介绍的三种退出机制的组合，选用偏置轮盘，选择算子多点交叉，并且交叉概率为 0.8、变异概率为 0.05。

3.3　高带外抑制带通型频率选择表面

带通型 FSS 最广泛的应用之一是天线罩，即在不影响天线带内工作频率信号传输的同时，实现带外电磁信号的屏蔽，以此来达到电磁屏蔽、保护天线不受带外信号干扰的作用。另外，加载带通型 FSS 的天线被人为地与外界隔离开

来，从实用性角度考虑保护了天线及后端接收机不受外界环境的变化和冲击的影响。在国防技术领域借助共型设计利用带外抑制和外形反射的原理，可有效降低天线带外雷达散射截面降低天线被探测到的风险性，从而实现隐身天线罩的功能。因此，这种类型的带通型 FSS 不仅关注工作频带内的带宽和插损性能，还对带外抑制提出了相关要求。除此之外，在实际应用中 FSS 设计还受结构功能一体化和材料体系的限制，这些设计要求符合前文提到的复杂优化设计特征，是典型的多目标优化问题。本节利用拓扑优化设计方法，借助上述的拓扑优化联合仿真计算平台，设计实现了一种具有高带外抑制度的带通型 FSS。

3.3.1 功能描述和技术要求

高带外抑制的带通型 FSS 所实现的功能可以简单描述为：在 X 波段工作频率以内实现电磁波的无障碍传输。具体要求为：工作频带 8.6~9.2GHz，带内插入损耗小于 0.4dB；在非工作频段内实现电磁信号的屏蔽，工作频带外尽力提升平均抑制度，即 S21 平均值要尽可能低，具体为 11.0~12.7GHz 范围内 S21 不大于 -20dB，12.7~18.0GHz 范围内 S21 不大于 -30dB，中间 9.2~11.0GHz 为过渡带不作具体要求。另外，为保证该带通型 FSS 的实用性（如面密度尽可能低、表面强度和耐腐蚀性等指标满足实际应用需求），需要对面密度和材料体系进行限定，采用 A 夹层结构设计实现。

3.3.2 技术方案和优化结果

针对上述技术要求，我们采用 A 夹层结构设计完成该带通型 FSS，考虑到工程实际应用为降低面密度，选用聚甲基丙烯酰亚胺（polymethacrylimide，PMI）泡沫作为夹心基材，PMI 作为一种轻质、闭孔的硬质泡沫（电磁参数为 $\varepsilon_r=1.2(1-0.0025j)$）是目前同等密度条件下最硬的结构芯材，具有模量高、耐化学腐蚀、防火、易于加工和与其他树脂的相容性好等优点，已被广泛应用于航空航天、雷达天线罩、高速列车等领域。选用玻璃钢复合材料作为蒙皮材料（电磁参数为 $\varepsilon_r=2.8(1-0.006j)$），由于采用了玻璃纤维增强该种材料具有轻质高强度、耐腐蚀和良好的热性能等优点，FSS 基材采用厚度为 0.06mm

的聚酰亚胺（polyimide，PI）（电磁参数为 $\varepsilon_r = 3.4(1 - 0.003j)$），其具有柔性可贴合的特性方便后续加工。图 3－2 给出了 A 夹层 FSS 示意图，该带通型 FSS 包括五层，从上至下依次为玻璃钢蒙皮、PI、FSS 金属结构、PMI、FSS 金属结构、PI 和玻璃钢蒙皮，其中上下两层的 FSS 金属结构采用中心对称的拓扑构型，将上下两层 FSS 拓扑结构分别使用 3.2 节中提到的编码方法进行编码，结合结构参数编码（P，d_1，d_2）形成一个完整的编码序列，随后通过拓扑优化联合仿真计算平台完成优化设计。

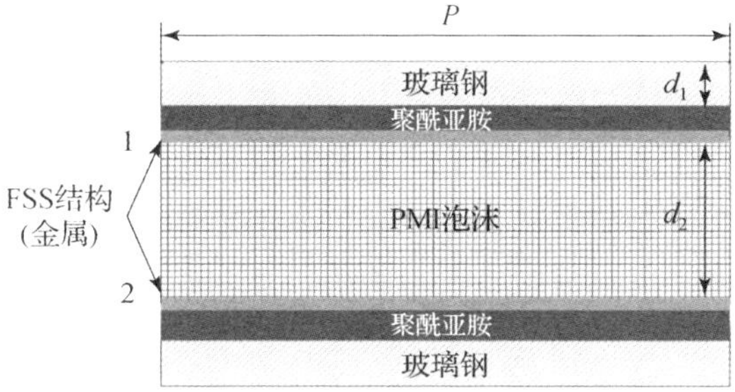

图 3－2　带通型 FSS 拓扑构型

对于该优化问题，目标函数可以参照 3.2 节设置需要增加对不同带外频带抑制的评价函数，具体为

$$\min F(X) = 1 - \left(w_1 \times \frac{\sum\limits_{i=1} \Delta f_i^{\text{passband}}}{f_{\max}^{\text{passband}} - f_{\min}^{\text{passband}}} + w_2 \times \frac{\sum\limits_{j=1} \Delta f_j^{\text{loss}}}{f_{\max}^{\text{passband}} - f_{\min}^{\text{passband}}} + w_3 \times \frac{\sum\limits_{k=1} \Delta f_k^{\text{stopband1}}}{f_{\max}^{\text{stopband1}} - f_{\min}^{\text{stopband1}}} + w_4 \times \frac{\sum\limits_{l=1} \Delta f_l^{\text{stopband2}}}{f_{\max}^{\text{stopband2}} - f_{\min}^{\text{stopband2}}} \right)$$

$$\text{subject to} \begin{cases} \sum\limits_{i=1}^{4} w_i = 1 \\ X = \{x_1, x_2, \cdots, x_M\} \in R^M \end{cases} \tag{3-2}$$

式中：$[f_{\min}^{\text{stopband1}}, f_{\max}^{\text{stopband1}}]$和$[f_{\min}^{\text{stopband2}}, f_{\max}^{\text{stopband2}}]$分别为带外不同频段的阻带，此例中分别为[11.0GHz,12.7GHz]和[12.7GHz,18.0GHz]。经优化后得到满足目标的最优解，通过译码得到最终的 FSS 结构如图 3－3 所示，结构参数为 $P = 12.2\text{mm}$，$d_1 = 1.6\text{mm}$，$d_2 = 20\text{mm}$，详见表 3－1。

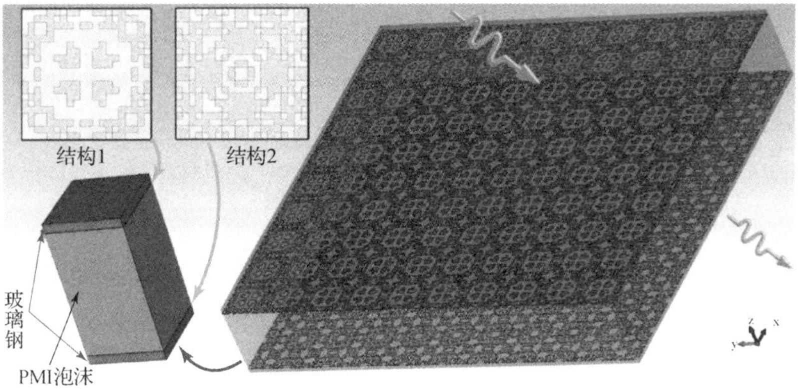

图 3-3 优化后的带通型 FSS

表 3-1 各层介质参数

各层材质	厚度/mm	介电常数	损耗角正切
玻璃钢蒙皮	1.60	2.8	0.0060
聚酰亚胺	0.06	3.4	0.0030
PMI 泡沫	20.00	1.2	0.0025
胶膜	0.05	4.0	0.0010

利用 CST 仿真得到该 FSS 的传输系数和反射系数曲线，如图 3-4 所示。从图中可以看出工作频带内传输曲线满足插损要求整体平坦，通带内插损小于 0.35dB，11.3GHz 处 S_{21} 达到 -20dB，13.2GHz 处 S_{21} 达到 -30dB，带外过渡带陡峭基本满足带外抑制度的设计要求。另外，通过计算发现在 13.8GHz 附近出现一个强吸收峰，此为上下层 FSS 发生谐振导致的损耗。

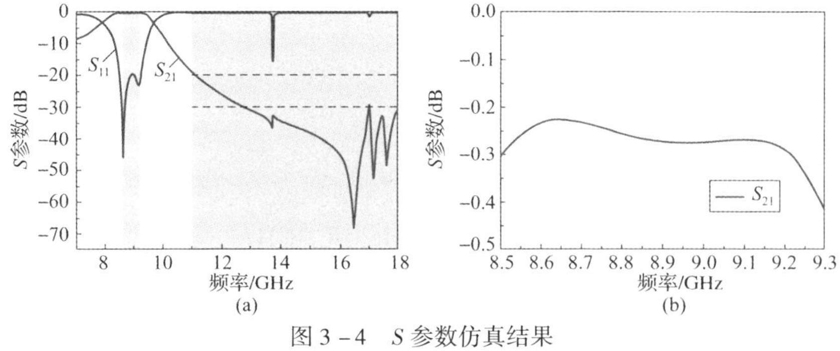

图 3-4 S 参数仿真结果

(a) 7~18GHz 内结果；(b) 8.5~9.3GHz 内结果。

3.3.3　加工和实验测试

为验证上述优化设计结果，首先利用印制电路板（PCB）工艺加工了实验样品，在聚酰亚胺薄膜上单面刻蚀出相应 FSS 结构，尺寸为 600mm × 600mm，之后使用环氧胶将加工的 FSS 结构与蒙皮和芯材进行复合加工成型为最终样品，如图 3－5 所示。

图 3－5　样品实物照片

利用自由空间法对样品 S 参数进行测试。自由空间法是 FSS 测试的常用方法，该方法具有不受材料尺寸限制、测试环境接近真实等特点，整套系统是由一对标准增益的宽带喇叭天线、矢量网络分析仪和圆形转台组成的，如图 3－6 所示，通过悬臂两端相对的喇叭天线作为收发天线，样品固定在中间圆形转台上。此测试步骤为：调整悬臂位置使其直通对准在一条直线上，校准矢量网络分析仪并进行归一化操作之后把样品固定在中心圆台上完成 S 参数的测量。多次测试结果如图 3－7 所示，从图中可以看出测试结果与仿真结果基本一致，因为是垂直入射通过转动样品即可得到对应 TE 和 TM 模式下的测量结果，通过多次测量发现 S 参数基本达到设计要求，其中图 3－7（b）中的带内波动主要是由矢量网络分析仪的采样点数量较多导致，可通过曲线平滑进一步处理。

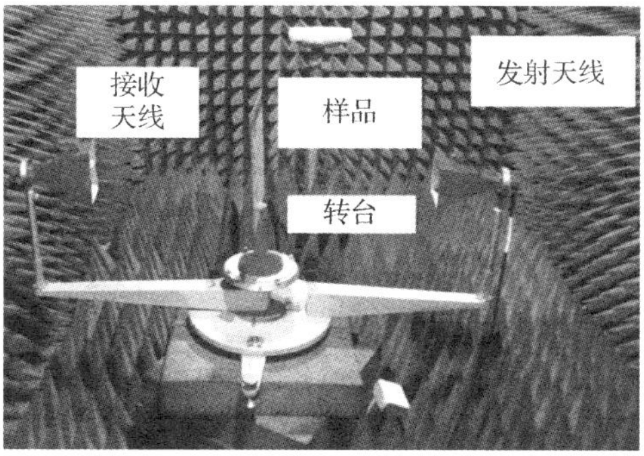

图 3－6　自由空间法测量 FSS 的 S 参数

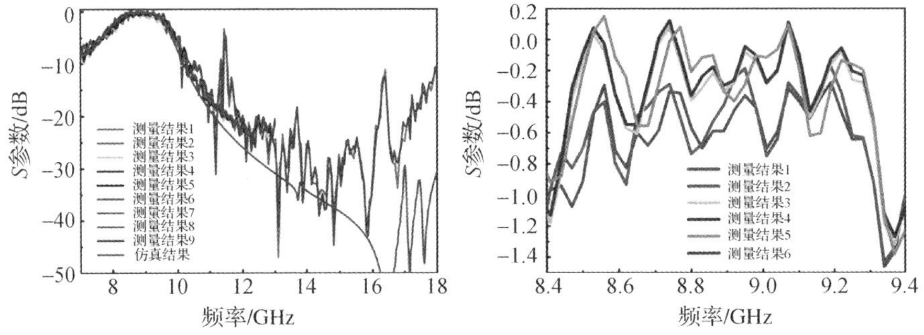

(a)　　(b)

图 3－7　传输系数测量结果（见彩图）

（a）7～18GHz 内结果；（b）8.4～9.4GHz 内结果。

正如2.4节中对多目标优化的分析所述，对于复杂的多目标优化问题目标函数是各种“利益”的权衡，因此理论上最优解不是唯一的。我们采用相同的拓扑构型，通过多次拓扑优化仿真，可以得到不同的满足设计目标的最优化解集，在此给出了两种同样满足设计要求的方案。与上述优化后的 FSS 对比，这两种方案在采用相同材料体系和拓扑构型仅在结构参数和 FSS 拓扑结构上有所差异，这也反映出最优解非唯一的特性，具体设计方案如下。

1. 方案一

拓扑优化结果如图 3－8 所示，结构参数为 $P=12.0\text{mm}$，$d_1=1.5\text{mm}$，$d_2=20.0\text{mm}$，仿真 S 参数如图 3－9 所示，工作频带内满足带宽和插入损耗要求，S_{21}于 11.1GHz 达到 －20dB，于 12.8GHz 达到 －30dB，带外抑制基本满足条件。

(a)　　(b)　　(c)

图 3－8　结构示意图

（a）方案一带通型 FSS 结构示意图；（b）上层 FSS 结构；（c）下层 FSS 结构。

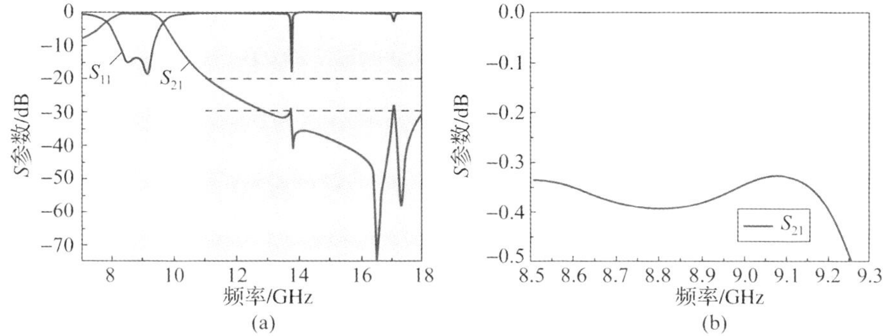

图 3－9　方案一带通型 FSS 仿真 S 参数

（a）7～18GHz 内结果；（b）8.5～9.3GHz 内结果。

2. 方案二

拓扑优化结果如图 3－10 所示，结构参数为 $P=12.0$mm，$d_1=1.5$mm，$d_2=20.0$mm，仿真 S 参数如图 3－11 所示，工作频带内满足带宽和插入损耗要求，S_{21} 于 10.97GHz 达到 －20dB，于 12.63GHz 达到 －30dB，带外抑制基本满足条件。

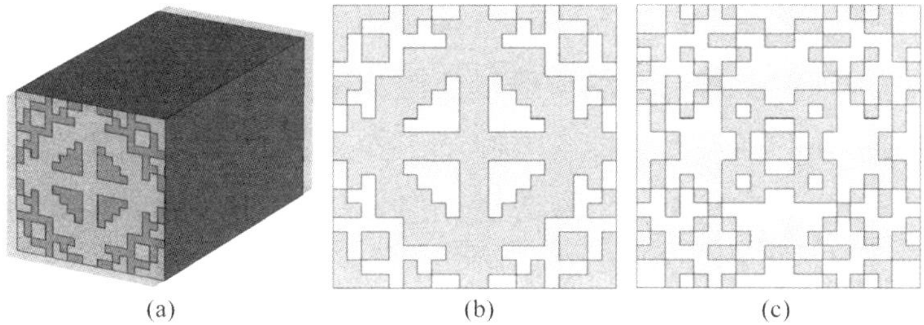

图 3－10　结构示意图

（a）方案二带通型 FSS 结构示意图；（b）上层 FSS 结构；（c）下层 FSS 结构。

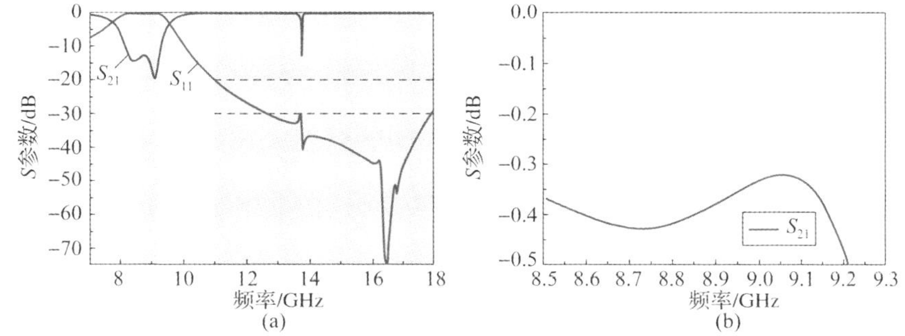

图 3－11　方案二带通型 FSS 仿真 S 参数

（a）7～18GHz 内结果；（b）8.5～9.3GHz 内结果。

3.4 卫星通信隐身天线罩

3.4.1 功能描述和技术要求

采用FSS加载的天线罩能够有效降低带外信号的RCS实现隐身效果，这种被应用在航空领域的隐身技术同样适用于卫星隐身设计。针对卫星的隐身技术能够有效提高未来战争中卫星的生存率，增强对敌方探测的抵御能力。卫星隐身天线罩与3.3节所述的设计上具有相似的设计思路，但需要注意：

（1）卫星通信天线一般具有较宽波束，因此需要通信天线罩具有良好的大角度稳定性；

（2）卫星通信一般采用圆极化天线，因此天线罩需要针对圆极化电磁波进行设计；

（3）受卫星天线功率的影响，天线罩插入损耗需要尽量减小；

（4）卫星天线罩需要满足耐真空、高低温交变等太空环境。

本例中以一种卫星隐身天线罩设计为例，在实现通信频带内高透波率的同时兼顾通信频带外的高反射性能。天线罩工作频带为19.6～21.2GHz、29.4～31.0GHz，入射角60°以内，带内透射系数S21≥87%，带外隐身主要关注8.0～12.0GHz，要求透射系数S_{21}小于-10dB，同时兼顾0～40.0GHz频段，为保障该FSS的实用性（满足实际应用约束下的表面强度、耐真空等指标），需要对面密度和材料体系进行限定，采用A夹层结构设计实现。

3.4.2 技术方案和优化结果

针对上述技术要求，我们采用A夹层结构设计完成该型FSS，考虑到工程实际应用选用Rogers RO4533（$\varepsilon_r=3.3(1-0.0025j)$）作为蒙皮，聚四氟乙烯（F4B，$\varepsilon_r=2.65(1-0.001j)$）作为夹心基材，各层之间采用环氧树脂胶（$\varepsilon_r=4(1-0.001j)$）进行复合。图3-12给出了A夹层FSS示意图，本例针对两个不同工作频段设计了两种对应的FSS，为使通带内插入损耗控制在目标要求内采用单层FSS设计。该FSS包括五层，各层通过环氧树脂胶进行复合，其中FSS金属结构采用中心对称的拓扑构型，在保证极化不敏感特性的前提下可以有效降低编码长度从而提高优化算法收敛效果。将 FSS 拓扑结构和结构参数（周期 P，Rogers RO4533 厚度 d_1，F4B 厚度 d_2）统一地利用3.2 节中的编码方法进行编码，随后通过拓扑优化联合仿真计算平台完成优化设计。

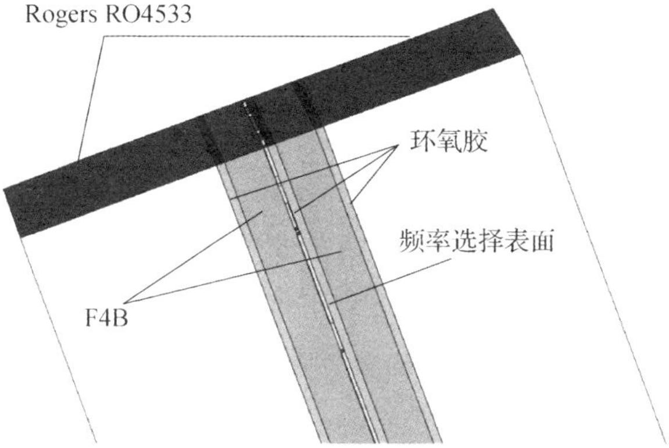

图 3－12　FSS 结构示意图

目标函数的定义需要增加对不同带外频带抑制的评价函数，参照 3.3.2 节。其中$[f_{\min}^{\text{stopband1}},f_{\max}^{\text{stopband1}}]$和$[f_{\min}^{\text{stopband2}},f_{\max}^{\text{stopband2}}]$分别为 8.0～12.0GHz 和 0～40.0GHz，经优化后得到满足目标的最优解，通过译码得到最终的通带为 19.6～21.2GHz 的 FSS 结构如图 3－13（a）所示，结构参数为 $P=3.0\text{mm}$，$d_1=1.0\text{mm}$，$d_2=0.2\text{mm}$；通带为 29.4～31.0GHz 的 FSS 结构如图 3－13（b）所示，结构参数为 $P=3.17\text{mm}$，$d_1=1.00\text{mm}$，$d_2=0.20\text{mm}$，详见表 3－2。

(a)　　(b)

图 3－13　优化后 FSS 结构

（a）上层结构；（b）下层结构。

表 3-2 各层介质参数

各层材质	厚度/mm	介电常数	损耗角正切
复合材料蒙皮	1.00	3.30	0.025
F4B	0.20	2.65	0.001
胶膜	0.05	3.60	0.001

利用CST仿真得到该FSS的传输系数和反射系数曲线，如图3-14所示。从图中可以看出所设计的两种FSS分别满足对应工作频带的要求，工作频带内插入损耗小于0.5dB，8.0~12.0GHz频带内电磁波被反射满足隐身设计目标。当入射角增到60°时通带仍能覆盖工作频段，带内插入损耗增加但仍小于1dB基本满足设计要求，如图3-15所示。

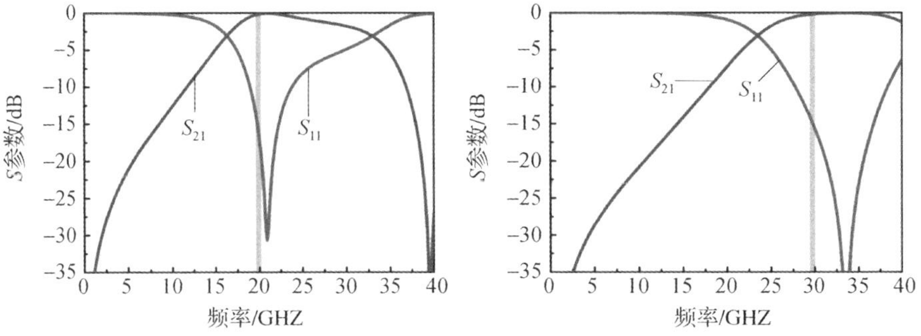

(a) (b)

图3-14 垂直入射下仿真结果（入射角为0°）

（a）通带为19.6~21.2GHz的FSS的S参数；（b）通带为29.4~31.0GHz的FSS的S参数。

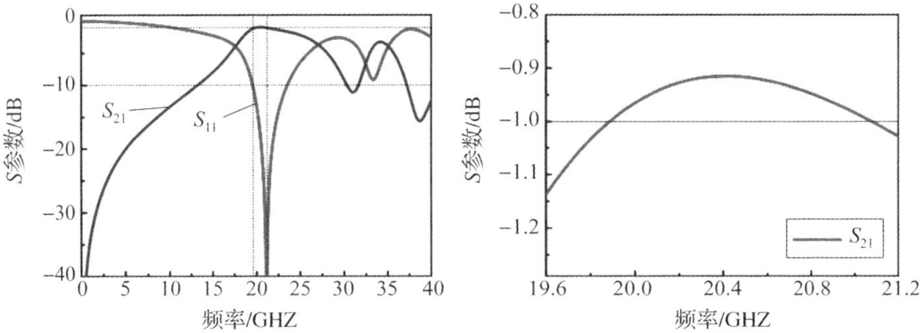

(a1) (a2)

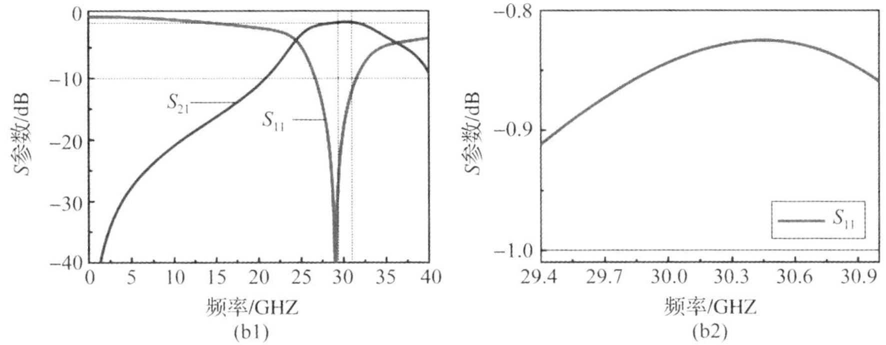

图 3－15　斜入射下仿真结果（入射角为 60°）

（a1）和（a2）通带为 19.6～21.2GHz 的 FSS 的 S 参数；

（b1）和（b2）通带为 29.4～31.0GHz 的 FSS 的 S 参数。

3.5　4G 基站通信天线罩

移动通信中“G”是“Generation”的缩写，4G 是第四代移动通信技术的简称，因其传输速度快、通信容量大、接入灵活、无缝连接和业务广等特点已经得到广泛应用。随着 4G 手机通信网络的普及，作为网络的重要承载——4G 基站天线遍地开花。从工程应用角度考虑如何增强天线的使用寿命和防止频谱串扰等问题亟待解决。加载 FSS 的天线罩为 4G 通信天线罩的实现提供了技术支撑，通过加载 FSS 的天线罩可以有效减少外界环境对天线的影响，延长使用寿命，同时利用其空间滤波特性抑制和避免干扰。本节以工作在 2575～2635MHz 的 4G 天线罩为研究对象，设计实现了一种带通型 FSS。

3.5.1　功能描述和技术要求

由于 4G 天线波束宽度较宽对天线罩的角度稳定性要求高，另需同时满足 TE 和 TM 两种极化状态，考虑基站天线的辐射功率需要尽可能降低天线罩的插入损耗，要求天线罩在入射角 0°～60°范围内在保证 5.150～5.880GHz 频段传输系数 $S_{21} < -35$dB 的前提下，尽可能减少工作频带 2.575～2.635GHz 内的插入损耗。

3.5.2 技术方案和优化结果

针对上述技术要求，我们采用B夹层结构设计完成该带通型FSS，考虑到工程实际应用，为提高天线的使用寿命选用聚四氟乙烯［F4B，$\varepsilon_r = 2.65(1-0.001j)$］作为基材，蒙皮材料采用树脂基复合材料，材料电磁参数通过优化得到为$\varepsilon_r = 3.25(1-0.0025j)$。图3-16给出了B夹层FSS示意图，FSS采用双屏设计。该带通型FSS包括四层，从上至下依次为FSS、F4B、FSS和蒙皮，其中上下两层的FSS金属结构采用中心对称的拓扑构型，将上下两层FSS拓扑结构统一地利用3.2节中的编码方法，将拓扑结构、结构参数（P，d_1，d_2）和蒙皮介电常数ε_r进行编码，随后通过拓扑优化联合仿真计算平台完成优化设计。

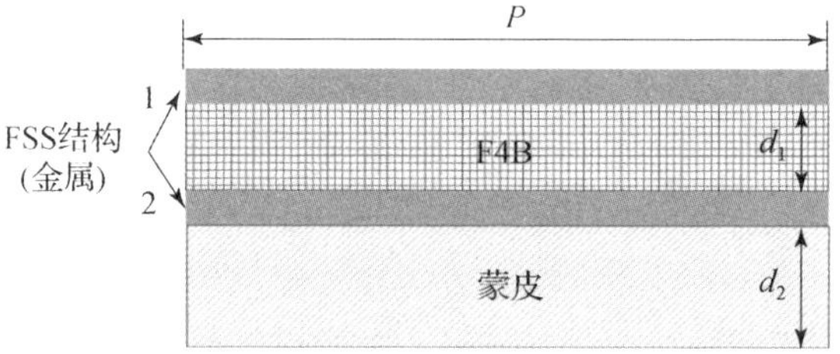

图3-16　4G通信天线FSS拓扑构型

对于该优化问题，需要同时考虑入射电磁波多极化多角度条件下的频率响应，同时需关注阻带的要求，目标函数定义为

$$\min F(X) = 1 - \sum_{\mathrm{TE}}^{\mathrm{TM}} \left(w_1 \times \frac{\sum\limits_{i=1} \Delta f_i^{\mathrm{passband}}}{f_{\max}^{\mathrm{passband}} - f_{\min}^{\mathrm{passband}}} + w_2 \times \frac{\sum\limits_{j=1} \Delta f_j^{\mathrm{loss}}}{f_{\max}^{\mathrm{passband}} - f_{\min}^{\mathrm{passband}}} + w_3 \times \frac{\sum\limits_{k=1} \Delta f_k^{\mathrm{stopband}}}{f_{\max}^{\mathrm{stopband}} - f_{\min}^{\mathrm{stopband}}} \right)$$

$$\text{subject to} \begin{cases} \sum\limits_{i=1}^{3} w_i = 1 \\ X = \{x_1, x_2, \cdots, x_M\} \in R^M \end{cases} \tag{3-3}$$

式中：$[f_{\min}^{\mathrm{passband}}, f_{\max}^{\mathrm{passband}}]$和$[f_{\min}^{\mathrm{stopband}}, f_{\max}^{\mathrm{stopband}}]$分别为通带[2.575GHz,2.635GHz]和阻带[5.150GHz,5.880GHz]，经优化后得到满足目标的最优解，通过译码得到最终的FSS结构如图3-17所示，结构参数为$P=6.32$mm，$d_1=0.20$mm，$d_2=3.00$mm，$\varepsilon_r=3.25$，详见表3-3。

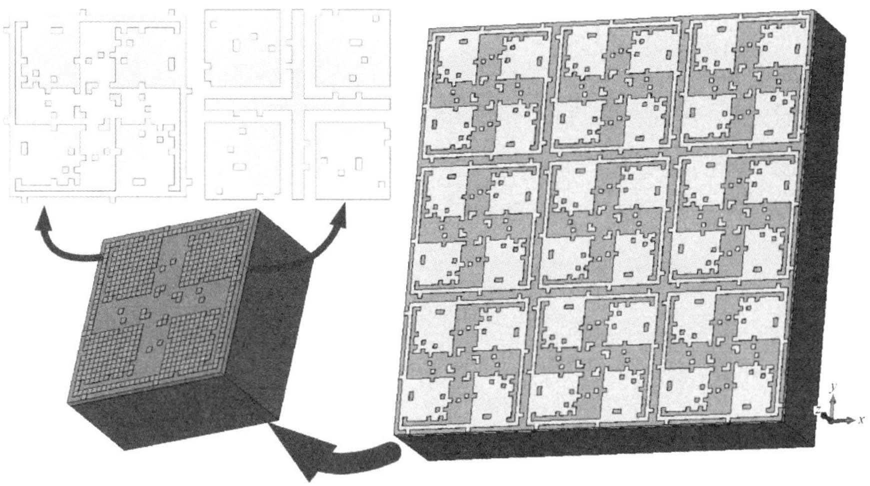

图 3－17　优化后的 4G 通信 FSS

表 3－3　各层介质参数

各层材质	厚度/mm	介电常数	损耗角正切
复合材料蒙皮	3.00	3.25	0.0025
F4B	0.20	2.65	0.0010
胶膜	0.05	4.00	0.0010

利用 CST 仿真得到该 FSS 的传输系数和反射系数曲线，如图 3－18 所示。从图中可以看出，工作频带内传输曲线满足插入损耗要求，随着入射角度的增大，通带频率发生略微频移且带内插入损耗略微增大，仿真结果显示基本满足带外抑制度的设计要求。

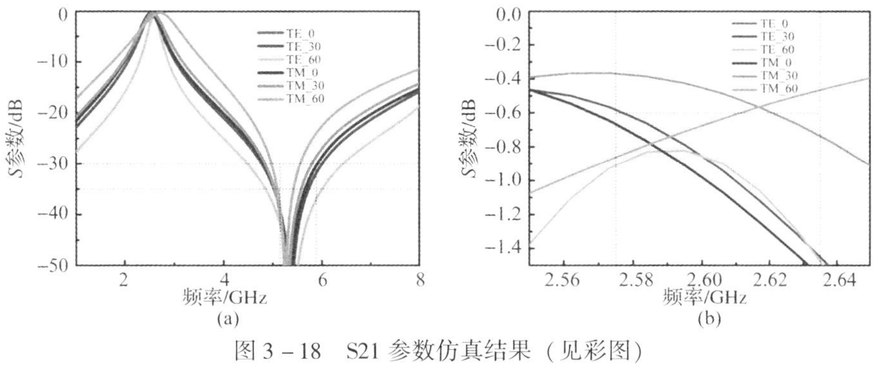

图 3－18　S21 参数仿真结果（见彩图）

（a）1～8GHz 内结果；（b）2.55～2.65GHz 内结果。

3.5.3 样品加工与测试

为验证上述优化设计结果，利用印制电路板工艺加工了实验样品，在 F4B 基材两侧刻蚀 FSS 结构尺寸为 600mm × 600mm 之后，使用环氧胶将加工的 FSS 结构与蒙皮进行复合，加工成型为最终样品，如图 3 – 19 所示。

图 3 – 19 样品正反面实物照片

利用自由空间法对样品 S 参数进行测试，测试结果如图 3 – 20 所示，从图中可以看出测试结果与仿真结果基本一致，因为是垂直入射通过转动样品即可得到对应 TE 和 TM 模式下的测量结果，通过多次测量发现 S 参数基本达到设计要求。

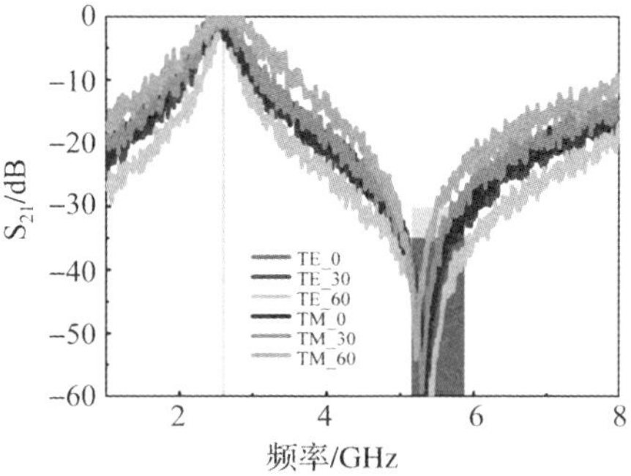

图 3 – 20 S_{21} 参数测试结果（见彩图）

3.6 小结

本章以频率选择表面的拓扑优化设计为研究对象，通过对 FSS 中通/阻带性能的分析，针对带宽、通带内插入损耗、带外抑制和角度稳定性等指标利用加权组合法建立了多目标优化函数，进而结合拓扑结构对称性建立了拓扑优化的模型，对拓扑结构、材料参数和结构参数进行统一编码，结合拓扑优化联合仿真计算平台设计实现了多种类型的 FSS，分别应用于高带外抑制带通型 FSS、卫星通信隐身天线罩和 4G 基站通信天线罩。利用拓扑优化设计实现的频率选择表面不仅可以实现多目标同时优化，还可以打破人们直觉限制以满足设计应用需求。

第 4 章

超表面吸波体拓扑优化设计

4.1 引言

电磁吸收材料或电磁吸波体是指能够吸收特定频率入射电磁波，从而降低回波强度的功能材料。电磁吸波材料作为一种行之有效的隐身技术，最早可以追溯到“二战”时期，当时为降低军事目标被敌方雷达探测的风险提高战场生存率，德国最先利用混合了炭粉的泡沫材料对潜艇进行包裹，可以吸收敌方雷达发射的 S 和 X 波段电磁波，从而实现潜艇的低可探测性。近年来，随着隐身新材料与新技术的发展，电磁吸波材料已经成为各国重点关注和研究的高新技术之一，并广泛应用于隐身飞机等武器装备上。电磁吸波材料在民用领域也有广泛用途，随着信息技术的蓬勃发展，手机、计算机、Wi－Fi 等电子产品在人们的生活中越来越普遍，随之而来的还有电磁污染、辐射等问题。利用电磁吸波材料可有效吸收这些无用电磁信号，从而达到降低电磁污染的目的。另外，电磁吸波材料还在电磁屏蔽、信息安全、光伏能源等领域发挥着重要作用。

电磁吸波的本质是将电磁波能量转化为热量，以内能的形式存储在吸波材料内部。由电磁场理论可知，当电磁波由自由空间入射到材料表面时，会发生反射效应，反射率记作 $R(\omega) = |S_{11}|^2$，有一部分被反射回到自由空间中形成反射波，而另一部分则进入材料内部或被吸收后转换为热能，或在传输过程中穿过材料发生透射，透射率记作 $T(\omega) = |S_{21}|^2$。由于材料内部损耗吸收的电磁波，可由吸收率 $A(\omega)$ 表示，满足 $A(\omega) = 1 - R(\omega) - T(\omega)$，为实现电磁波的最大吸收即 A 的值最大化，需要尽可能地同时降低反射率和透射率。通常通过加载金属背板可实现透射率为零，此时材料的吸收率 $A(\omega) = 1 - R(\omega)$ 仅由材料的反射率决定。根据等效电路理论，材料的反射系数 S_{11} 与表面输入阻抗 Z_{in} 和自由

空间波阻抗 Z_0 存在关系，即 $S_{11} = (Z_{in} - Z_0)/(Z_{in} + Z_0)$，当输入阻抗与自由空间波阻抗匹配时，即 $Z_{in} = Z_0$，此时反射率为零可实现电磁波的完美吸收。图 4－1 为吸波材料示意图。

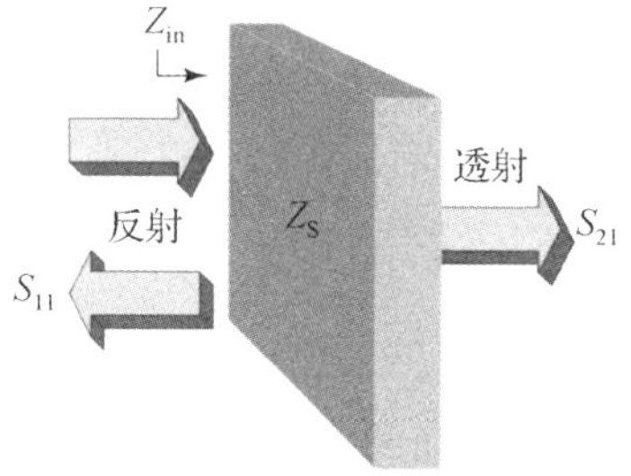

图 4－1　吸波材料示意图

传统吸波材料如碳粉、铁氧体、金属颗粒等，是利用介电材料的介电损耗、磁滞损耗或电阻损耗实现电磁波的吸收。利用等效电路模型演化出 Salisbury 吸波屏、Dallenbach 吸收体和 Jaumann 吸收体等传统吸波材料，但传统吸波材料存在工作频带较窄等缺点，限制了吸波材料在工程技术领域的应用。如图 4－2 所示，自美国波士顿学院 Landy 教授等于 2008 年提出超材料完美吸波体以来，通过合理设计超材料单元结构设计出合理的等效介电常数和等效磁导率，使其输入阻抗与自由空间波阻抗匹配，从而实现完美吸收的设计思路已被广泛应用于太赫兹、红外线和可见光吸波材料的设计中。基于等效媒质理论的超材料吸波体，以其灵活多变的设计特点得到国内外研究学者的广泛认同，并围绕吸收工作频段、带宽拓展、轻量化设计等问题开展研究。

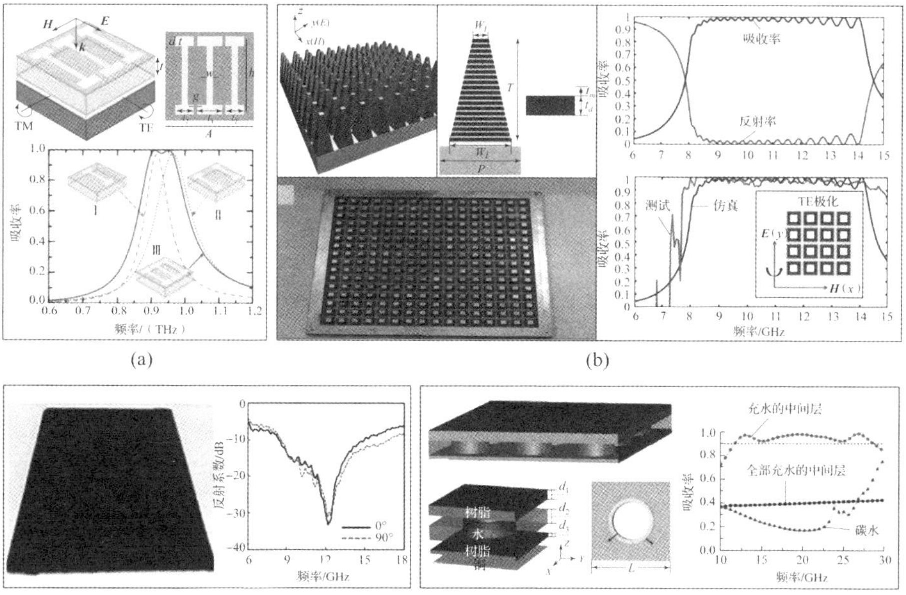

图 4－2　近些年超材料吸波体发展

（a）THz 吸波材料；（b）宽带吸波材料；（c）碳纤维复合吸波材料；（d）水基吸波材料。

上述超材料吸波体基于其电磁谐振特性通常仅具有窄带吸收效果，虽通过多谐振叠加的手段可实现拓展带宽，但其结构厚度会随之增加，加之制备工艺复杂、实现难度高等不利因素阻碍了其工程应用实践。通过增加结构的损耗，如水基吸波体、离散电阻元件或电阻膜可有效拓展吸波材料带宽。相比之下，加载电阻膜的超表面吸波体可利用丝网印刷技术实现工艺成熟，设计过程仅需控制方阻值、结构参数和拓扑构型便可实现吸收带宽的调控，具有较高的设计灵活度。本章以加载电阻膜的超表面吸波体为研究对象，分析了电阻膜方阻值和拓扑结构对吸波性能的影响，在充分考虑吸波材料轻质、宽带吸收性能的前提下，通过拓扑优化的方法得到吸收带宽的最优化设计方案，利用复合材料成型工艺实现了两种宽带超表面吸波体。

4.2 吸波材料多目标优化问题描述

随着超表面吸波体的发展，吸波材料从理论研究逐渐走向工程应用，工程化技术指标也朝着“厚度更薄、密度更小、吸收频带更宽、吸收率更强”目标发展，然而现有的吸波材料或结构很难同时满足这些要求。“薄轻宽强”的设计目标互相之间具有天生的矛盾性，是一个复杂的多目标优化问题。本书从材料体系上选用纤维复合材料实现吸波材料轻质设计特点，利用拓扑优化方法在一定厚度条件下，重点关注吸波材料的带宽和吸收强度，在给定吸收率阈值情况下实现极大吸收带宽。通常可以采用类似于第 3 章中频率选择表面优化目标函数的定义方式：

$$\min\ F(X) = 1 - \frac{\sum\limits_{i=1} \Delta f_i}{f_{\max} - f_{\min}}$$

$$\text{subject to}\quad X = \{x_1, x_2, \cdots, x_M\} \in R^M \tag{4-1}$$

式中：$[f_{\min}, f_{\max}]$ 为优化的频率范围；Δf_i 为大于吸收阈值的频率间隔，即当工作带宽达到最大时目标函数值为零，但是这种目标函数定义方法忽略了吸收强度对目标函数的贡献，因此会出现一些问题，如图 4-3 所示。两条反射率曲线对应的满足 -10dB 反射率阈值的区域用不同颜色区分分别记作①和②，其中②的工作带宽更宽，但是由于工作频带不连续，这种情况往往不如①的实际工程应用价值大。因此为避免这种目标函数设计缺陷，针对吸波材料带宽和吸收强度定义相应的目标函数：

$$\min F(X) = \begin{cases} f_{\text{range}} - \sum\limits_{i=1} \Delta f_i \\ \sum\limits_{j=1} |A_j - A_{\text{aim}}| \quad A_j < A_{\text{aim}} \end{cases}$$

$$\text{subject to} \quad X = \{x_1, x_2, \cdots, x_M\} \in R^M \tag{4-2}$$

式中：f_{range}为优化的频率范围；Δf_i 为大于吸收阈值的频率间隔，当吸收带宽越宽目标函数就越小，当达到最大工作带宽时目标函数为零；针对吸收强度目标函数，A_{aim}为定义的吸收率阈值；A_j 为不满足吸收率的频率采样点对应的吸收率。

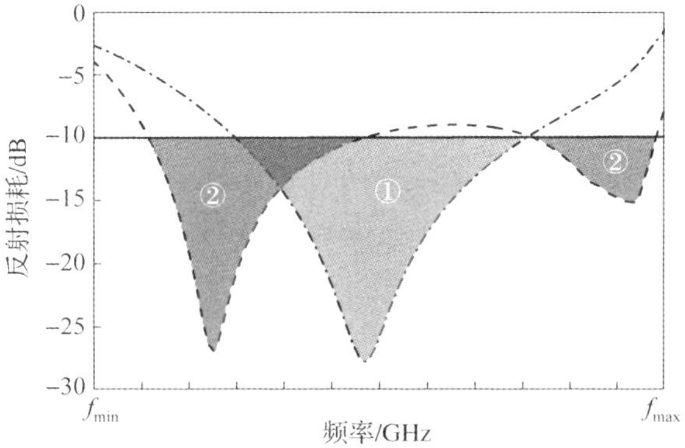

图 4－3　吸波材料目标函数定义示意图（见彩图）

对于多目标优化问题可利用加权组合法，将多目标函数转化为单目标函数，此时式（4－2）可修正为

$$\min F(X) = \omega_1 \times \left(f_{\text{range}} - \sum_{i=1} \Delta f_i\right) + \omega_2 \times \left(\sum_{j=1} |A_j - A_{\text{aim}}|\right)$$

$$\text{subject to} \begin{cases} \omega_1 + \omega_2 = 1 \\ X = \{x_1, x_2, \cdots, x_M\} \in R^M \end{cases} \tag{4-3}$$

另外，多目标优化问题还可以使用 2.4 节中提到的 NSGA－Ⅱ多目标优化算法，通过构造非支配集 NDset 实现遗传算法迭代，从而避免人为设定权重系数所带来的不利影响，当工作带宽达到优化设定带宽时目标函数取值为零，工作带宽和吸收率均达到设计目标。

4.3 宽带吸波复合材料优化设计

吸波材料工程化应用领域要求其具有重量轻、耐高温、耐腐蚀等特性，同时对力学性能也有一定要求，因此结构功能一体化设计的吸波材料是解决其工程实际应用的关键方法。本书利用拓扑优化设计方法对加载电阻膜的超表面吸波体进行结构功能一体化设计，在充分考虑吸波材料力学性能和环境耐受性能的前提下，采用复合材料成型工艺制备了一种宽带吸波复合材料。相较于传统吸波涂层，该吸波复合材料具有更强的鲁棒性、易于维护、实现简单的特点。

4.3.1 功能描述和技术要求

将加载电阻膜的超表面吸波体与其他材料一起进行结构功能一体化设计，利用复合材料成型工艺使该吸波材料具有重量轻、强度高的特征，在复合材料选择时需考虑材料的环境耐受度。在电磁吸收性能方面要求实现2 ~18GHz 频段内，反射率在小于 -10.5dB 的基础上尽可能减小反射率。

4.3.2 技术方案和优化结果

针对宽带吸波复合材料的技术指标要求我们选择夹芯结构作为设计的基础，如图4 -4 所示，由外层蒙皮、轻质夹芯材质、超表面吸波体和反射背板构成，各层材料利用复合材料工艺进行复合。为适应吸波材料的表面强度和环境耐受度要求，蒙皮材质选用树脂基玻璃纤维复合材料 FR4 [$\varepsilon_r = 4.3(1 - 0.025j)$]；为实现吸波材料轻质要求，夹芯材质选用低密度轻质聚氨酯泡沫 [polyurethane foam，$\varepsilon_r = 1.02(1 - 0.0001j)$]；各层复合所用环氧胶 [$\varepsilon_r = 3.3(1 - 0.01j)$]，其中基于电阻膜设计实现的超表面吸波体嵌入聚氨酯泡沫内部，这样的设计可以有效提高超表面吸波体的环境耐受度，延长使用寿命。

本例采用双层超表面吸波体优化设计，将超表面吸波体划分成 $M \times N$ 个网格（本例为 18×18 个网格），为保证此吸波材料对入射电磁波极化状态不敏感，单元采用中心对称的编码设计。如图 4 -5 所示，这样编码长度缩短为

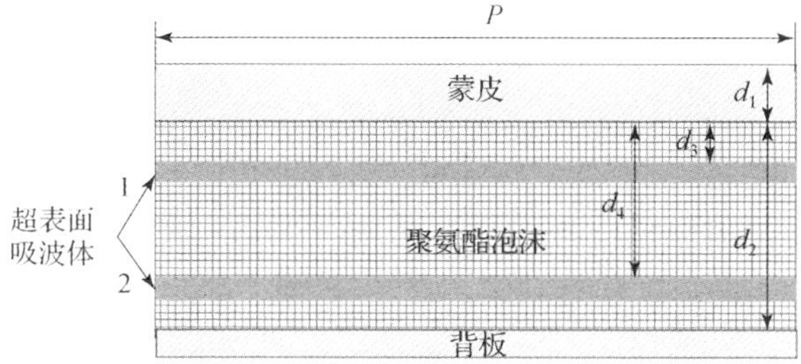

图 4－4　宽带吸波复合材料结构示意图

$[(M/2+1)\times M/2]/2$，即单层为 36 位二进制编码，结构参数（周期性大小 P、单元厚度 d_2、蒙皮厚度 d_1、两层超表面吸波体距离夹芯上表面距离分别为 d_3 和 d_4）采用实数编码，省去了二进制与十进制之间的译码过程，同时将结构参数按二进制编码会增加整体编码长度，当编码长度较短时又会存在浮点数精度损失的问题。因此采用实数编码可以提高计算精度，但采用二进制与实数混合编码需要对优化算法进行改进的实现途径有两种：一种是二进制字符串和十进制字符串分别调用 GA 中的遗传操作函数，分别单独地进行选择、交叉和变异操作，随后形成一个完整的混合编码字符串，流程见图 4－6（a）；另一种则是利用 GA 和 PSO 混合算法实现，其中 GA 实现二进制字符串的优化，PSO 算法实现十进制字符串的优化，两种算法共享一个目标函数评价机制，只是在新种群的产生过程中遵循不同算法的相关操作，具体流程如图 4－6（b）所示。这两种十进制和二进制混合优化的实现途径均可实现在不改变算法整体工作流程的前提下对原算法进行简单改进即可，并具有很强的可操作性。

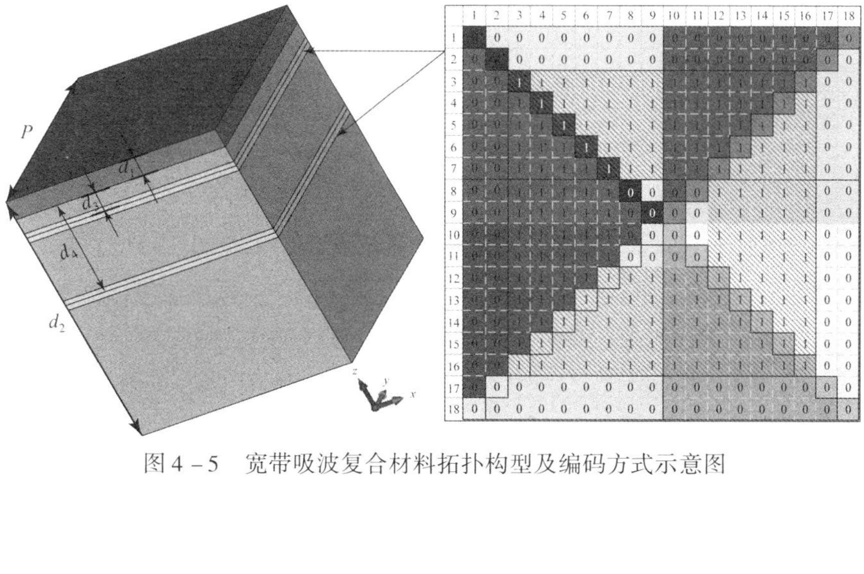

图 4－5　宽带吸波复合材料拓扑构型及编码方式示意图

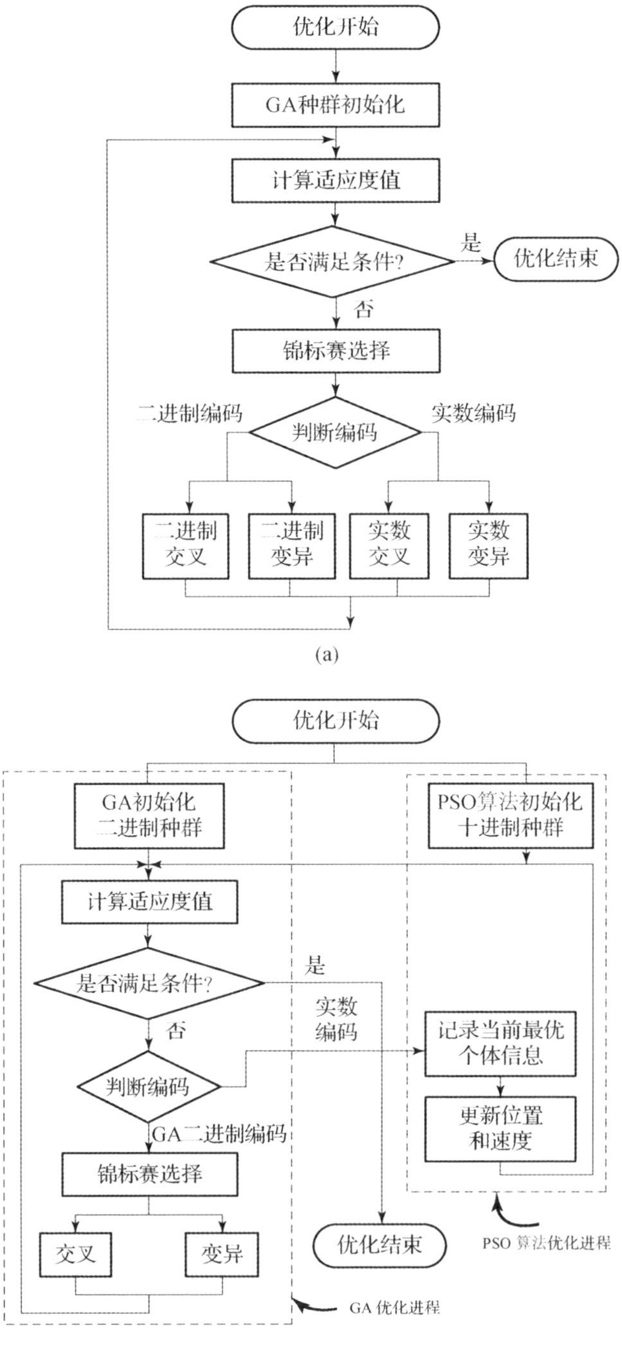

图4-6　二进制与十进制混合编码优化算法示意图

优化后的周期性单元尺寸为18.46mm，各层介质参数如表4-1所示，其中上下两层超表面吸波体采用电阻膜设计实现其方阻值均为65Ω/块，结构如图4-7所示。

表4-1　各层介质优化后参数

各层材质	厚度（位置）/mm	介电常数	损耗角正切
复合材料蒙皮	1.64	4.30	0.0250
聚氨酯泡沫芯材	21.35	1.02	0.0001
胶膜	0.40	3.30	0.0100
上层吸波体	1.67	方阻65Ω/块	
下层吸波体	7.80	方阻65Ω/块	

图4-7　上下两层超表面吸波体拓扑结构（黑色为电阻膜材料）

利用CST仿真后得到优化结果的S参数曲线，如图4-8所示。从图中看出2~18GHz频带范围内反射率均小于-10.5dB，平均反射率小于-14dB在15GHz附近反射率达到最小值-24dB满足设计目标，适应度值收敛于0。

为更加清晰、直观地反映超表面吸波体的吸收机理，监视了8.7GHz和15GHz频点处上下两层超表面吸波体的电场分布，从图4-9中可以看出上下两层电场无明显镜像分布趋势，推测吸波材料主要依靠电谐振产生吸收效果；另外，上下两层电场分布呈现互补效应，即上层电场场强分布较强的区域对应的下层电场强度较弱，反之亦然。这表明上下两层超表面吸波体之间产生耦合谐振，正是这样的耦合效应使入射电磁波被局域在上下两层超表面吸波体上，因为电阻膜的欧姆损耗最终实现电磁波的吸收效果。

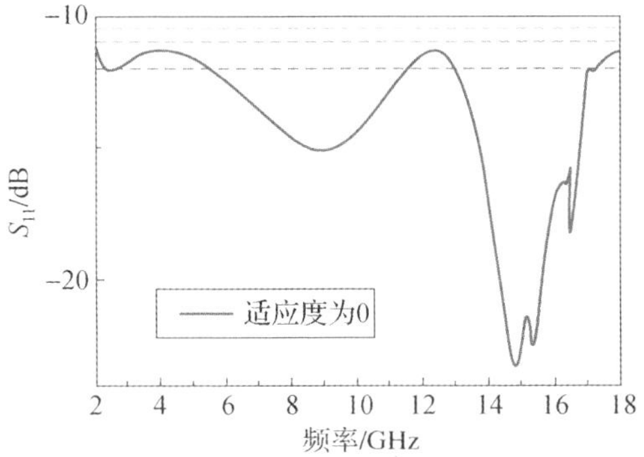

图 4－8　优化后吸波材料反射率仿真曲线

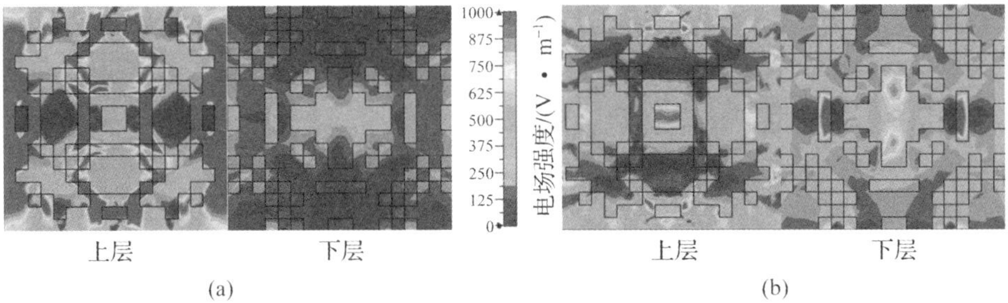

图 4－9　上下两层超表面吸波体的电场分布

（a）8.7GHz；（b）15GHz。

为后续样品制备做准备，我们进一步研究了复合材料中材料参数对吸波性能的影响，通过分析可以更好地指导后续实验并控制加工过程中的误差。对蒙皮厚度的参数扫描得到如图 4－10 所示的反射率曲线，从图中可以看出蒙皮厚度对材料吸收性能的影响主要集中在高频区域，随着蒙皮厚度的增加高频吸收率变差，因此蒙皮的厚度作为关键指标需要准确控制。

图 4－11 给出了电阻膜方阻值对超表面吸波体吸收性能的影响，给定方阻值为 50Ω/块、60Ω/块、65Ω/块、70Ω/块、80Ω/块，从反射率曲线可以看出当方阻值达到 65Ω/块时吸收性能达到最优，随着方阻值的增加反射率曲线呈现规律性变化，低频吸收率提升的同时高频性能有所下降。

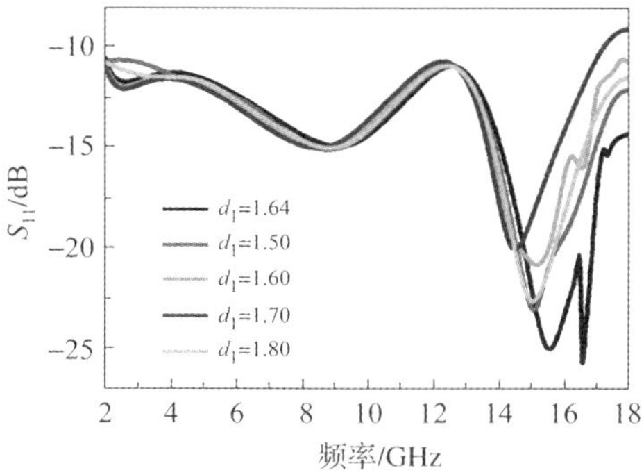

图 4 - 10　蒙皮厚度对材料反射率的影响（见彩图）

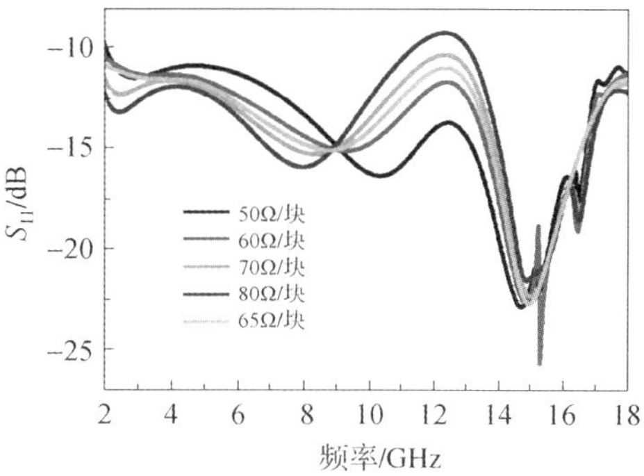

图 4 - 11　电阻膜方阻值对材料反射率的影响（见彩图）

从上面的分析可以看出，吸波材料性能与蒙皮厚度和电阻膜方阻值具有一定的相关性，在后期样品制备的过程中需要在一定误差范围内对结构参数和电阻膜方阻值进行控制以使样品性能达到最优。

4.3.3　加工和实验测试

为了验证设计材料的性能，利用复合材料成型工艺制备了宽频带吸波复合材料。首先，在厚度为 0.05mm 的 FR4 基材上利用丝网印刷工艺将导电碳浆印刷成所设计的结构，电阻膜的方阻值由丝网的网孔大小（通常，目数越高，网孔孔径越小，方阻值越大）和导电碳浆的浓度控制，经过高温炉固化后定型利用 S - 21 系列四探针方阻测试仪可准确测定电阻膜方阻值。如图 4 - 12 所示，加工成型的上下两层电阻膜，尺寸为 300mm × 300mm。

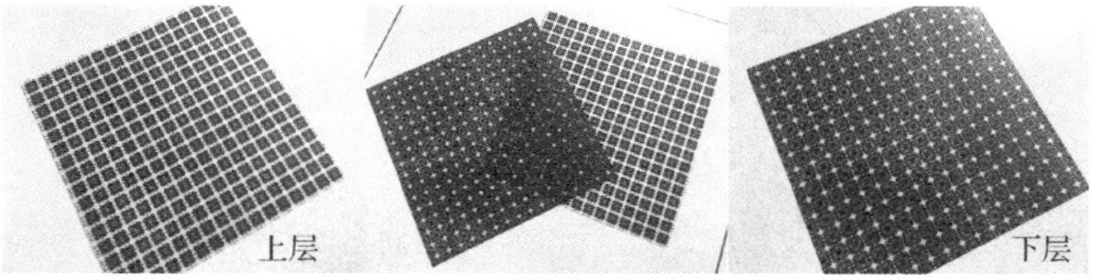

图 4 - 12　上下两层电阻膜照片

其次，使用环氧树脂胶将已经加工成型的电阻膜、聚氨酯泡沫芯材、蒙皮和碳纤维背板进行黏合，采用真空辅助成型工艺将已经黏合的样品置于温箱中实现固化，真空辅助成型过程和成型后样品如图 4 - 13（a）和（b）所示。

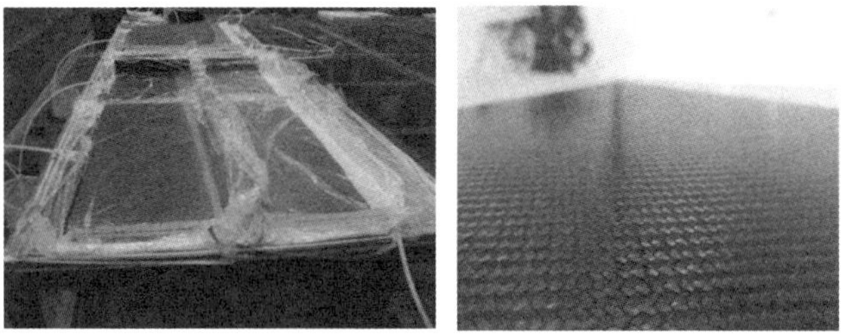

(a) (b)

图 4 - 13　样品照片

(a) 真空辅助成型过程；(b) 样品成型后照片。

在微波暗室中采用自由空间法测量吸波材料的反射率基本原理，如图 4 - 14 所示。在测量过程中使用一对宽频带 1 ~ 18GHz 喇叭作为收发天线，为保证入射到吸波样品表面上的电磁波为平面波，喇叭天线与样品之间的距离应满足远场条件，另外为了消除测试样品边缘散射效应对实验结果产生影响，测试样品的尺寸一般大于 2 个波长，本例样品尺寸为 300mm × 300mm。反射率测试结果如图 4 - 15 所示与仿真结果基本一致，在 2 ~ 18GHz 频带内该吸波材料的反射率均小于 - 10.5dB，曲线的抖动和偏移主要是由加工过程中的实验误差造成，测试结果证明了设计方法和成型工艺的可行性。

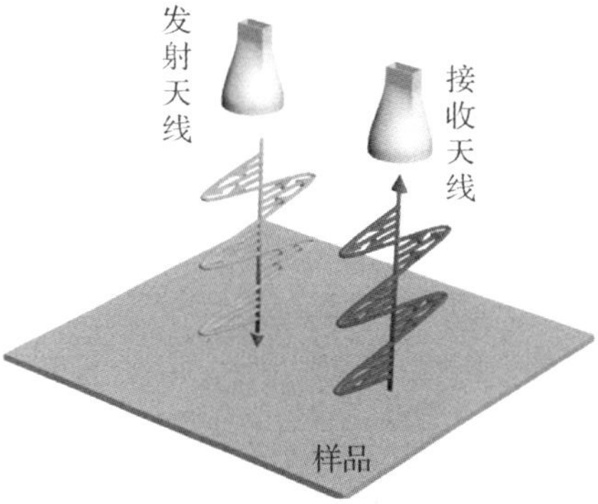

图 4 - 14　自由空间法测量材料反射率

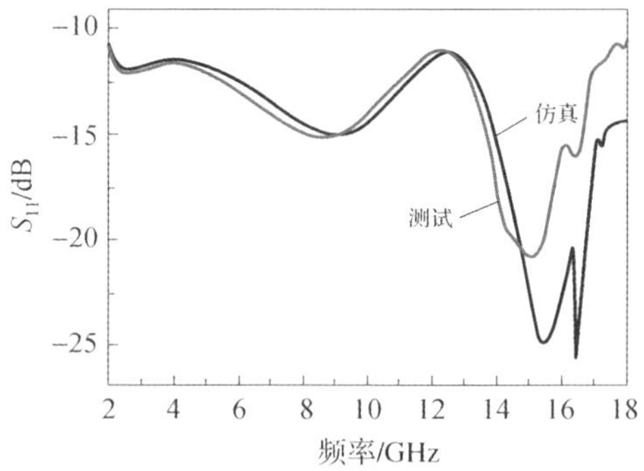

图 4 - 15　反射率测试曲线

4.4　大角度稳定、极化不敏感宽带吸波材料优化设计

吸波材料工程化应用领域不仅需要关注吸收带宽和吸收强度，在实际应用中往往需要考虑大角度入射和不同极化电磁波入射条件下的吸收性能，在

4.3 节中我们利用拓扑优化设计方法实现了宽带复合吸波材料在电磁波垂直入射条件下表现出优异的吸波性能。当电磁波垂直入射时电磁波极化状态为 TEM，因此只需要通过对称分布的拓扑结构即可实现极化角度的不敏感，但当入射角度增大时这种设计吸波效果会大打折扣，图 4-16 仿真了吸收率随入射角和极化角度变化，复合吸波材料吸收性能随着入射角度的增大逐渐变差。为更好地贴近实际应用，本书利用拓扑优化设计，在宽频带吸波复合材料设计的基础上采用多目标优化方法，将大角度、多极化条件下的吸收率纳入设计指标，实现了具有大角度稳定和极化不敏感特性的宽带吸波复合材料。

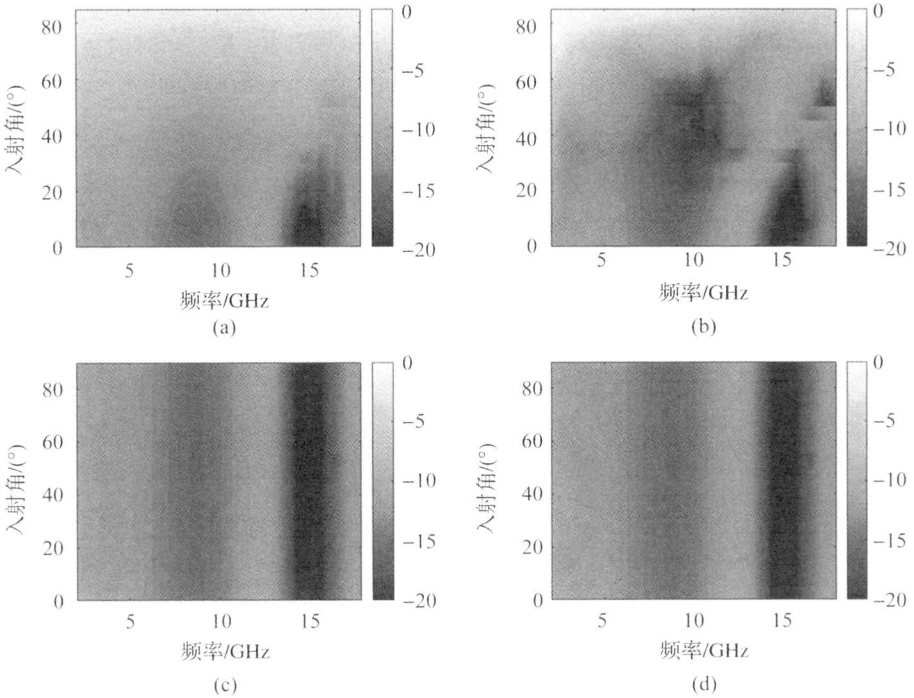

图 4-16　吸收率随极化方式和入射角变化

（a）TE 模式入射电磁波入射角对吸收率的影响；（b）TM 模式入射电磁波入射角对吸收率的影响；（c）TE 模式垂直入射电磁波极化角对吸收率的影响；（d）TM 模式垂直入射电磁波极化角对吸收率的影响。

4.4.1　功能描述和技术要求

为满足吸波材料的工程应用实际，吸波材料不仅需在吸收强度和带宽上满足相应要求，还需满足极化稳定性和入射角稳定性。本例在保证吸收强度、工作带宽、力学性能和轻质的前提下，要求所设计的吸波材料满足以下条件：①吸波材料工作频带覆盖 8～18GHz；②电磁波垂直入射时，工作频带内反射率小于 −16dB；③入射角增大到 45°时带内反射率要求小于 −13dB。上述要求均需在 TE 和 TM 模式下满足，相较于 4.3 节中的宽带复合吸波材料设计要求，此设计实例增加了吸波材料对入射电磁波极化角度和入射角度敏感性的要求。

4.4.2 技术方案和优化结果

针对大角度稳定、极化不敏感宽带吸波材料技术指标要求，我们选择已经在 4.4.1 节得到验证的夹芯结构作为设计的原型，如图 4－17 所示由外层蒙皮、轻质夹芯材质、超表面吸波体和反射背板构成各层材料，利用复合材料工艺进行复合。为适应吸波材料的表面强度和环境耐受度要求，蒙皮材质选用树脂基玻璃纤维复合材料 [$\varepsilon_r = 3.7(1-0.025j)$]；为实现吸波材料轻质要求夹芯材质选用低密度轻质聚氨酯泡沫 [polyurethane foam，$\varepsilon_r = 1.02(1-0.0001j)$]；各层复合使用环氧胶 [$\varepsilon_r = 3.3(1-0.01j)$]，其中基于电阻膜设计实现的超表面吸波体嵌入在聚氨酯泡沫内部层次结构上与 4.3 节中基本一致，在此不作赘述。

在此，本例采用双层超表面吸波体优化设计将超表面吸波体划分成 $M \times N$ 个网格（本例为 20×20 个网格），以保证此吸波材料对入射电磁波极化角度不敏感，同时保证能实现的拓扑构型尽可能多。本例单元中采用与之前不同的中心对称的编码设计，如图 4－17 所示，这样编码长度缩短为 $M \times M/2$，即单层为 100 位二进制编码，相较之前的设计在牺牲寻优空间的前提下增加了编码长度，但增大了设计的自由度，有利于全局寻优。结构参数（周期性大小 P、单元厚度 d_2、蒙皮厚度 d_1、两层超表面吸波体距离夹芯上表面距离分别为 d_3 和 d_4）采用实数编码，十进制和二进制混合编码方法可以省去二进制与十进制之间的译码过程，从而提高计算精度。

由于增加了入射角稳定和极化角稳定方面的指标，需要对目标函数进行相应改进，大角度稳定、极化不敏感宽带吸波材料的目标函数可定义为

$$\min\ F(X) = \begin{cases} \sum\limits_{\mathrm{TE}}^{\mathrm{TM}} \sum\limits_{k} \left(f_{\mathrm{range}} - \sum\limits_{i=1} \Delta f_i \right) \\ \sum\limits_{\mathrm{TE}}^{\mathrm{TM}} \sum\limits_{k} \left(\sum\limits_{j=1} \left| A_j - A_{\mathrm{aim}} \right| \right), \quad A_j < A_{\mathrm{aim}} \end{cases}$$

$$\text{subject to}\begin{cases} X = \{x_1, x_2, \cdots, x_M\} \in R^M \\ k \in [0, \theta] \end{cases} \tag{4-4}$$

式中：f_{range}为优化的频率范围；Δf_i 为大于吸收阈值的频率间隔，当吸收带宽越宽目标函数就越小，当达到最大工作带宽时目标函数为零；针对吸收强度目标函数，A_{aim}为定义的吸收率阈值；A_j 为不满足吸收率的频率采样点对应的吸收率；k 为最大入射角度 θ 内的角度采样点。通过对 TE 和 TM 模式下的不同入射角度满足设计的吸收带宽和吸收率求和，可实现对不同入射角和不同极化的吸收性能的评价。针对这一多目标优化问题利用加权组合法或 NSGA－Ⅱ多目标优化算法便可实现多目标向单目标函数转换，式（4－4）可改写为式（4－5）或直接求解多目标问题。

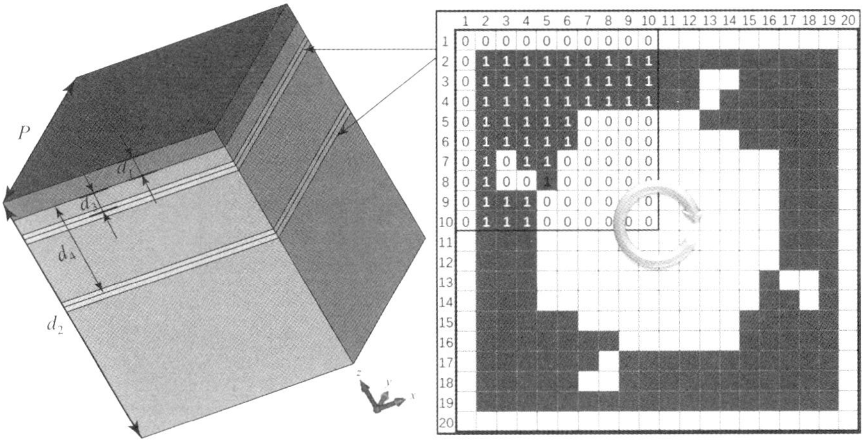

图 4－17　宽带吸波复合材料拓扑构型及编码方式示意图

$$\min\ F(X) = \left\{\omega_1 \times \left[\sum_{\text{TE}}^{\text{TM}} \sum_{k} \left(f_{\text{range}} - \sum_{i=1} \Delta f_i\right)\right] + \omega_2 \times \left[\sum_{\text{TE}}^{\text{TM}} \sum_{k} \left(\sum_{j=1} |A_j - A_{\text{aim}}|\right)\right]\right\}(A_j < A_{\text{aim}})$$

$$\text{subject to}\begin{cases} X = \{x_1, x_2, \cdots, x_M\} \in R^M \\ k \in [0, \theta] \\ \omega_1 + \omega_2 = 1 \end{cases} \tag{4-5}$$

优化后的周期性单元尺寸为 11.2mm，各层介质参数如表 4－2 所示，其中上下两层超表面吸波体采用电阻膜设计实现其方阻值均为 80Ω/块，结构如图 4－18 所示。

表 4－2　各层介质优化后参数

各层材质	厚度（位置）/mm	介电常数	损耗角正切
复合材料蒙皮	0.30	3.70	0.0250
聚氨酯泡沫芯材	9.50	1.02	0.0001
胶膜	0.15	3.30	0.0100
上层吸波体	3.16	方阻 80Ω/块	
下层吸波体	6.21	方阻 80Ω/块	

图 4－18　上下两层超表面吸波体拓扑结构（黑色为电阻膜材料）

利用 CST 仿真后得到优化后吸波材料的 S 参数曲线，如图 4－19 所示。从图中看出 8～18GHz 频带范围内当入射角为 0°时 TE 和 TM 极化下反射率均小于－16dB，带内吸收率相对均匀；当入射角增加到 45°时 TE 和 TM 极化下反射率均小于－13dB，TE 极化下吸收性能整体略微下降，TM 极化下低频吸收性能有所下降时在 11.2GHz 左右出现强吸收峰，综上满足设计目标。

为进一步说明所设计宽带复合吸波材料的大角度稳定性和极化不敏感特性，仿真了［0°，90°）的不同入射角和不同极化角下的反射率图谱，如图 4－20 所示对 TE 和 TM 模式来说随着入射角度的增加带内吸收效果逐渐减弱，其中 TM 模式变化趋势更为显著，当入射角增大到 60°时仍能保持带内平均反射率为－10dB；当电磁波垂直入射时随着极化角度的变化反射率无明显变化，这也表明基于中心旋转对称的拓扑构型能有效实现极化不敏感特性。

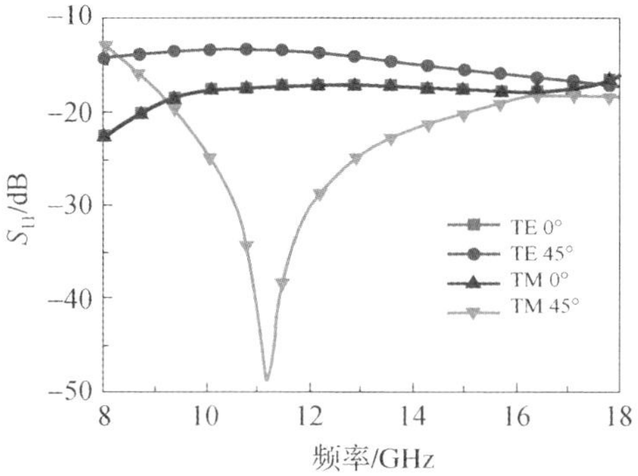

图 4－19　优化后吸波材料反射率仿真曲线

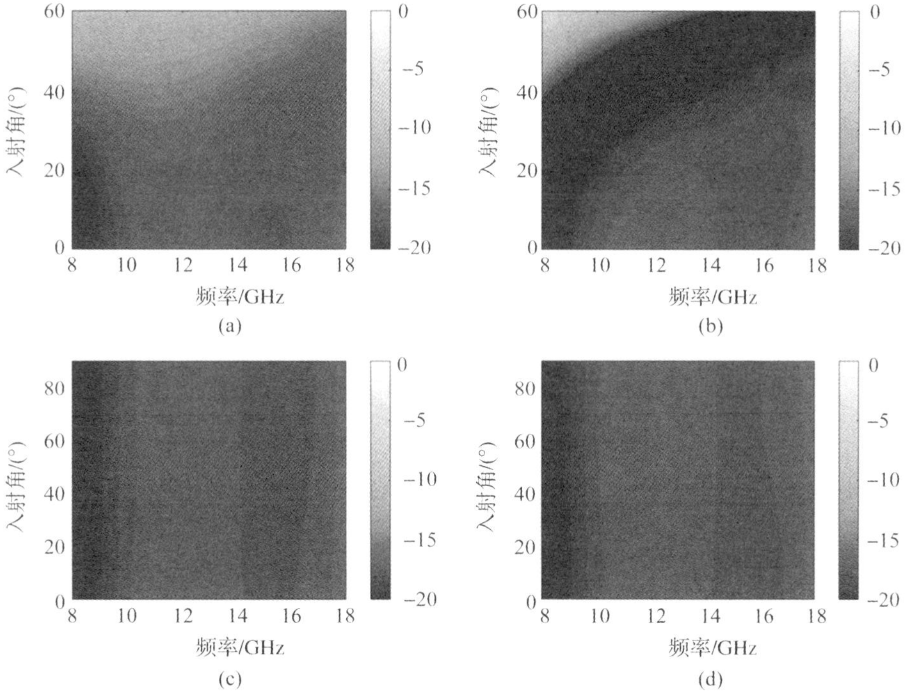

图 4－20　吸收率随极化方式和入射角变化

（a）TE 模式入射电磁波入射角对吸收率的影响；（b）TM 模式入射电磁波入射角对吸收率的影响；（c）TE 模式垂直入射电磁波极化角对吸收率的影响；（d）TM 模式垂直入射电磁波极化角对吸收率的影响。

4.5 小结

本章以超表面吸波体为研究对象，从工程应用的角度出发详细分析了吸波材料设计中工作带宽、吸收强度、质量（面密度）、机械强度、角度稳定性和极化稳定性等指标，以及这些指标在多目标优化问题中的处理方法，进而利用加权组合法和 NSGA－Ⅱ多目标优化算法，结合拓扑优化设计方法，设计满足性能指标要求的超表面吸波体。结合工程应用实际优化设计了一种 2～18GHz 频带内的宽频带吸波复合材料，并利用复合材料成型等工艺制备了该复合材料；为满足大角度稳定性和极化稳定性的应用需求设计，实现了一种工作在 8～18GHz 频带范围内的大角度稳定、极化不敏感宽带吸波复合材料，可实现 TE 和 TM 双极化条件下入射角 60°范围内反射率小于－10dB；这种结合复合材料成型工艺的吸波材料拓扑优化设计方法可满足工程应用中结构功能一体化需求，具有一定的应用价值。

第 5 章

编码超表面优化设计

5.1 引言

近年来，超材料和超表面的蓬勃发展为空间电磁波调控提供了强有力的保障，许多新奇的物理特性得以设计和实现，但在传统超材料和超表面的设计中材料的电磁特性通常是由等效媒质参数来描述的，这种模拟材料的设计思想使设计过程变得复杂，设计性能优异的超材料和超表面往往高度依赖设计者的经验积累和直觉意识，这些都不利于超材料和超表面的发展及应用。2014 年，宾夕法尼亚大学 Engheta 教授等利用离散化采样的设计思路通过调节银（Ag）和二氧化硅（SiO_2）在固定尺寸单元中的占空比，可以实现对材料介电常数的自由调控，创造性地提出利用比特流数据采样的思想和数字超材料（digital metamaterial）的概念，将超材料按照数字化的方式设计实现。同年，东南大学崔铁军教授等提出了一种基于二进制离散编码的编码超表面（coding metasurface）、数字超表面和可编程超表面，文中将反射相位为 0°和 180°的两种单元分别用二进制编码“0”和“1”表示，通过改变二进制编码序列对应单元结构在二维平面内的排列即可实现对反射电磁波的调控。由于单元的基本电磁特性采用二进制数字编码进行描述，配合可编程逻辑电路可进一步实现现场可编程的超表面，通过对入射电磁波相位分布的实时调控可以实现诸如单波束、多波束和随机漫反射效果之间的自由切换，这种基于二进制比特流的超表面不再局限于传统等效媒质参数，而是通过单纯的比特流控制即可实现对空间电磁波的自由调控，极大降低了超表面设计的复杂度，此概念一经提出便引起广泛关注。

编码超表面的雏形可以追溯到 2007 年欧洲航天局 M. Paquay 等利用人工磁导体与金属所产生的 180°相位差，如图 5 - 1 所示，将两者进行组合形成了棋盘状排布可以实现反射波束“一分四”的调制作用，这种空间波束调控可应用于RCS缩减，且是基于传统阵列天线综合理论设计实现的。编码超表面与传统阵列天线之间在单元结构形状、远场波束（方向图）调控等方面具有相似之处但又不尽相同：传统阵列天线的周期性，为抑制栅瓣的出现，间隔通常为 $\lambda/2$ 左右，而编码超表面的周期性单元尺寸取值范围通常为 $\lambda/6\sim\lambda$；另外，采用二进制编码思路设计的编码超表面可以方便优化算法和数字信号领域相关算法的应用。再者编码超表面按编码比特位数可以分为1bit、2bit、3bit等，编码与相位之间的对应关系如表5-1所示，表中的相位值均非绝对相位，不同比特位数的编码能为编码超表面的实现提供灵活的操作空间。

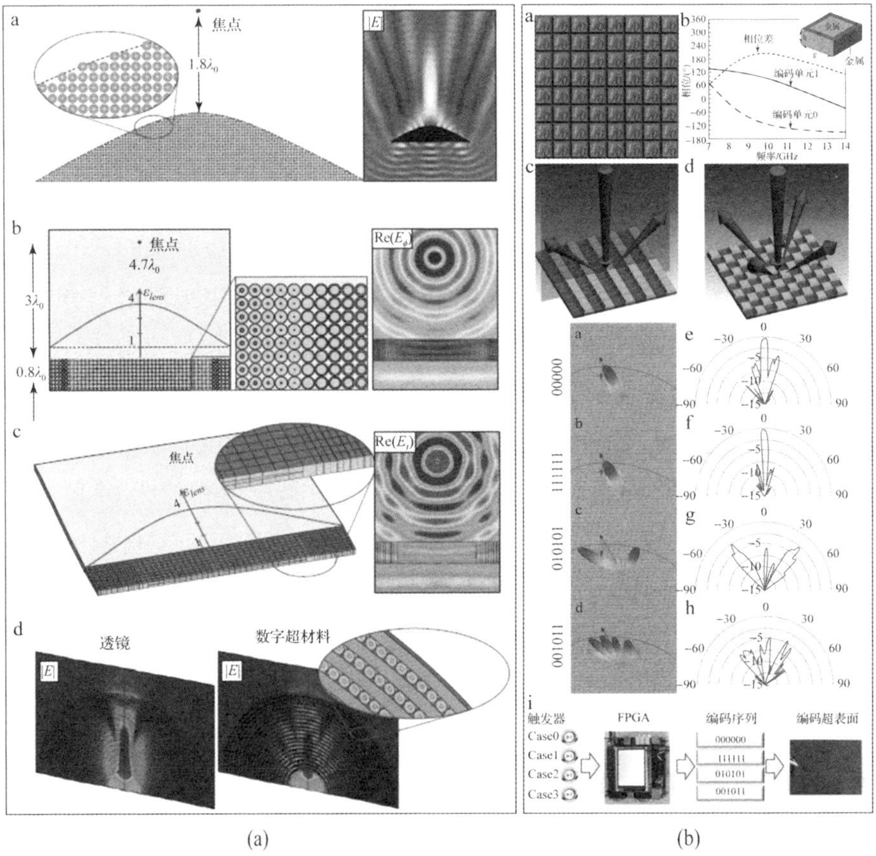

E—电场强度；Re(E_t)—电场强度的模。

图5-1　数字超材料与编码超材料示意图

(a) 采用离散化采样技术实现的数字超材料；(b) 编码超表面和可编程超表面。

表 5－1　不同比特位数与编码对应关系

比特数	编码	对应相位
1bit	0、1	0°、180°
2bit	00、01、10、11	0°、90°、180°、270°
3bit	000、001、010、011 100、101、110、111	0°、45°、90°、135° 180°、225°、270°、315°

本章主要研究了编码超表面的工作原理及其在 RCS 缩减中的应用，提出了一种利用非线性拟合方法快速实现无 PB 相位宽带编码超表面设计的算法，并且设计实现了一种宽频带低 RCS 编码超表面，根据编码超表面强大的空间波束调控能力类比天线接收机后端加载延迟线实现带内 RCS 缩减的思路，提出了一种天线带内低 RCS 优化设计方法，通过加载优化设计的超表面盖板可以在保证天线辐射性能不受影响的前提下实现天线工作频带内 RCS 缩减。对编码超表面空间电磁波调控机理的研究提出了一种 1bit 多功能可重构编码超表面设计方法，仅通过控制编码单元占空比和单元取向即可实现电磁波反射幅度、相位、极化的可重构控制，设计了一种能够实现调幅、调相和极化转换的可重构多功能编码超表面。

5.2　基于非线性拟合方法快速实现无 PB 相位的宽带低 RCS 编码超表面优化设计

1bit 编码超表面利用相位相差 180°的编码单元“0”和“1”可实现空间波束调控，多比特编码超表面同样也是基于这一原理的。编码超表面的设计基础就是具有固定相位差的编码单元为了拓宽编码超表面的工作带宽编码单元之间的相位差必须在宽频带范围内基本保持不变。目前，多数编码超表面的设计是利用圆/线极化电磁波入射条件下超表面产生极化转换引起的 PB 相位，这种 PB 相位能够在宽频带范围内保持固定相位差，而且只需要通过调节超表面单元几何旋转角度即可实现已经被广泛应用于编码超表面的研究中，但基于非极化转化的编码超表面研究仍存在带宽偏窄的问题，除此之外随着编码超表面研究的深入，如何解决编码超表面快速设计成为亟待解决的研究课题。本节我们利用非线性拟合方法，提出了一种无 PB 相位的宽带编码超表面快速设计方法，并将其应用到 RCS 缩减中。

5.2.1 编码超表面工作原理

为了清晰直观地理解编码超表面的工作原理，不失一般性地基于 1bit 编码超表面给出其远场方向图调控的公式推导过程。如图 5－2 所示给出了 1bit 编码超表面的示意图，编码超表面由 $M\times N$ 个编码单元组成，编码单元间隔（周期）为 d，其中黑白色块分别代表编码“1”和“0”，这两种编码单元对应的反射系数为

$$\boldsymbol{E}_{m,n}=\begin{cases}A_0\mathrm{e}^{\mathrm{j}\phi_0}\\ A_1\mathrm{e}^{\mathrm{j}\phi_1}\end{cases},\quad m\in[1,M],n\in[1,N] \tag{5-1}$$

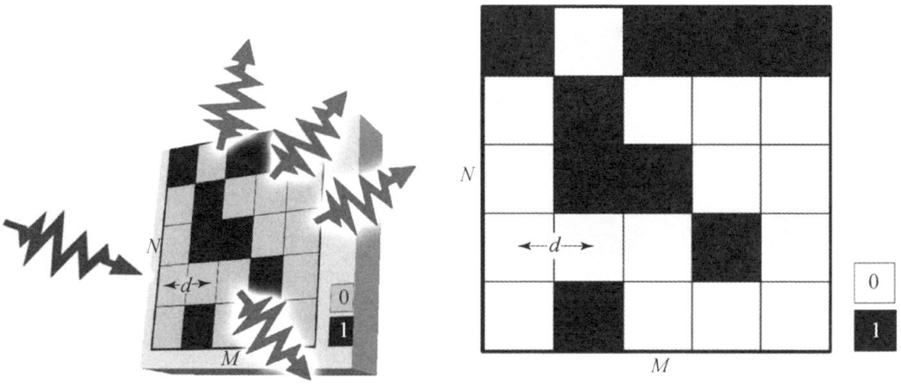

图 5－2　1bit 编码超表面示意图

式中：$\boldsymbol{E}_{m,n}$ 为编码单元（m，n）的辐射电场；A_0 和 A_1 分别为编码单元“0”和“1”的反射幅度；ϕ_0 和 ϕ_1 为其反射相位，相位差为 $\Delta\phi=\phi_0-\phi_1$，将各编码单元反射电场对远场中某一点处的贡献进行二维求和（积分）即可达到远场辐射电场：

$$\boldsymbol{E}_{\text{total}}=\sum_{m=1}^{M}\sum_{n=1}^{N}|\boldsymbol{E}_{m,n}|\mathrm{e}^{\mathrm{j}\boldsymbol{k}_0 d[(m-1/2)\sin\theta\cos\varphi+(n-1/2)\sin\theta\sin\varphi]+\mathrm{j}\phi(m,n)} \tag{5-2}$$

式中：θ 和 φ 分别为球坐标系中的俯仰角和方位角；$\boldsymbol{k}_0$ 为自由空间波矢。对于 1bit 编码超表面编码单元的反射幅度为 1 相位是 0 或 π，此时式（5－2）可以简写为

$$E_{\text{total}} = \sum_{m=1}^{M}\sum_{n=1}^{N} e^{jk_0 d[(m-1/2)\sin\theta\cos\varphi+(n-1/2)\sin\theta\sin\varphi]+j\phi(m,n)} \tag{5-3}$$

特殊的当 $\theta=0$，$\varphi=0$ 时，辐射电场为 $E_{\text{total}} = \sum_{m=1}^{M}\sum_{n=1}^{N} e^{j\phi(m,n)}$，从式（5－3）中可以看出远场电场分布只与 $\phi(m,n)$ 及其分布有关，因此通过调控编码超表面上编码单元的数量与排列方式即可实现远场波束的调控。另外，根据式（5－3）可以根据编码分布快速准确地计算出远场的分布，这种由编码分布直接向远场分布的映射关系一定程度上规避了繁复的全波仿真，提高了设计的效率。

5.2.2　非线性拟合工作原理和单元设计

从前面的编码超表面工作原理分析中不难看出，编码超表面的两点关键设计分别是：具有固定相位差的结构单元设计和编码的排布设计，而决定编码超表面工作带宽的决定性因素就是具有固定相位差的结构单元的工作带宽。目前，多数宽频带编码超表面的设计都是极化转换条件下基于 PB 相位实现的宽带固定相位差，这种方法不受单元色散影响相位差可以在宽频带内维持不变，但针对非极化转化实现宽频带固定相位差并不适用，在此我们根据等效电路理论分析了影响超表面产生相位调控的因素，以此来指导结构单元的设计。

根据等效电路理论，超表面响应空间电磁波而产生谐振从而使反射/透射波相位发生变化，下面我们以典型的 RLC 并联谐振电路和串联谐振电路为例进行分析，如图 5－3 所示。

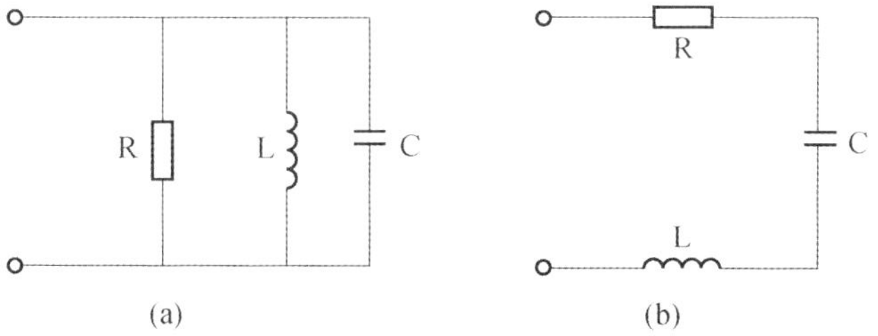

图 5－3　RLC 串并联电路示意图

（a）并联电路；（b）串联电路。

针对 RLC 并联谐振电路，如图 5－3（a）所示由等效电阻 R、等效电感 L

和等效电容 C 并联组成。当入射电磁波 $E_i = E_0 e^{j\omega t}$ 入射到超表面上等效电路产生谐振，根据基尔霍夫电流定律可知并联谐振电路中的电流满足：

$$\frac{U_0}{j\omega L} + \frac{U_0}{R} + C\frac{dU}{dt} = I e^{j\omega t} \tag{5-4}$$

式中：$U = U_0 e^{j\omega t} e^{j\theta}$ 为并联电路中电压；$I e^{j\omega t}$ 为入射场所提供的电流；θ 为回路电压相对于入射场的相移；ω 为谐振角频率。将 $\omega_0 = 1/\sqrt{LC}$，品质因数 $Q = R/(\omega_0 L)$，$\varpi = \omega/\omega_0$ 代入式（5-4）中，即可求得入射场相移：

$$\theta = \arctan\left(\frac{Q(1-\varpi^2)}{\varpi}\right) \tag{5-5}$$

从并联谐振电路的相移表达式（5-5）中可以看出，相移仅与并联谐振电路的品质因数 θ 有关，即品质因数越大在谐振频点处产生的相移越大，相位突变就越明显，反之谐振频点处相移就越小相位变化越平滑。

同理，针对 RLC 串联联谐振电路，如图 5-3（b）所示由等效电阻 R、等效电感 L 和等效电容 C 串联组成。当入射电磁波 $E_i = E_0 e^{j\omega t}$ 入射到超表面上等效电路产生谐振，根据基尔霍夫电压定律可知串联谐振电路中的电压满足

$$\frac{q}{C} + I_0 R + L\frac{dI}{dt} = U e^{j\omega t} \tag{5-6}$$

式中：$I = I_0 e^{j\omega t} e^{j\theta}$ 为串联电路中电流；$U e^{j\omega t}$ 为入射场所提供的电压；θ 为回路电压相对于入射场的相移；ω 为谐振角频率；q 为电容器所携带的电荷量。将 $\omega_0 = 1/\sqrt{LC}$，$Q = \omega_0 L/R$，$\varpi = \omega/\omega_0$ 代入式（5-6）中，即可求得入射场相移：

$$\theta = \arctan\left(\frac{Q(1-\varpi^2)}{\varpi}\right) \tag{5-7}$$

从串联谐振电路的相移表达式（5-7）中可以看出，与并联谐振电路相移表达式（5-5）相同即相移仅与串联谐振电路的品质因数有关，所以品质因数越大在谐振频点处产生的相移越大相位突变就越明显，反之谐振频点处相移越小相位变化就越平滑。

通过上述分析，不难发现超表面通过谐振产生相位突变从而影响反射/透射相移，其中相移的大小与品质因数有关。图 5-4 仿真了品质因数对相移的影响，从图中可以看出无论是 RLC 串联电路还是并联电路，品质因数越大谐振频点处相位突变越大，能够引入的相位调节范围也越大，但带宽也就越窄；

反之品质因数越小谐振点处相位突变越小，相位调节范围也随之减小，宽频带范围内相位变化相对平缓。因此，在编码超表面结构单元设计中需要选择品质因数相对小的结构，既需要保证频带范围内能产生足够的相移（至少 180°）又需要相位的变化平缓。

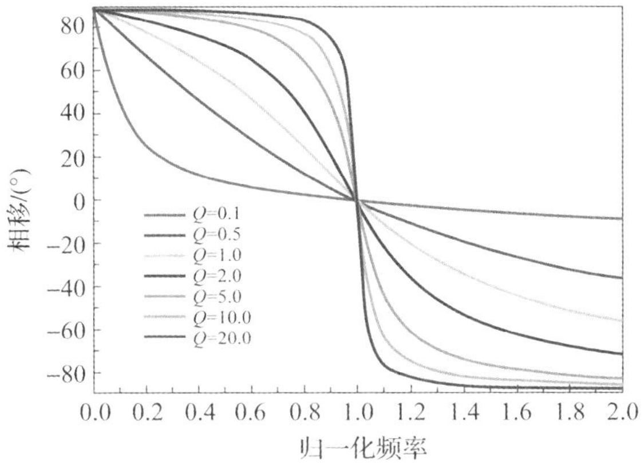

图 5－4 相移与品质因数 Q 的关系（见彩图）

本书中我们选择一种具有低品质因数的十字结构设计实现编码单元，如图 5－5（a）所示，对于这种典型的超表面单元结构在聚四氟乙烯［F4B，$\varepsilon_r = 2.65(1-0.001j)$］基板上加载金属结构通过调控结构参数 b 即可实现反射相位的调控，图 5－5（b）仿真了所设计的编码单元的品质因数，在工作频带范围内证实该种结构单元确实具有较低的品质因数。

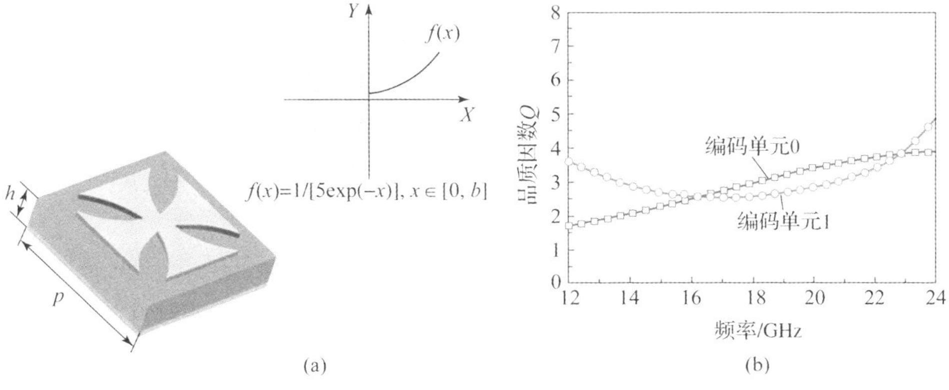

图 5－5 结构示意图及仿真结果

（a）结构单元示意图；（b）所设计编码单元的品质因数。

为设计出符合180°相位差条件的结构单元，传统方法是利用参数扫描或基于全波仿真的优化，这两种方法都需要过程繁复的全波仿真导致设计效率不高。本书提出一种非线性拟合的方法，通过建立反射相位和单元结构参数之间的映射关系可以快速得到符合设计要求的结构参数，具体思路可阐述为：根据上述分析可知低品质因数会使工作频带内相位变化相对平缓，这就为我们利用非线性拟合方法、建立反射相位和结构参数之间的映射关系提供了可能，采用数据采样的方法在结构参数 b 的范围内随机地选取一小部分抽样点值利用CST对其反射相位进行仿真，然后利用非线性拟合式（5-8）对结构参数和反射相位进行非线性拟合。

$$\textbf{Phase} = P_1\boldsymbol{b}(\boldsymbol{f})^N + P_2\boldsymbol{b}(\boldsymbol{f})^{(N-1)} + \cdots + P_N\boldsymbol{b}(\boldsymbol{f}) + P_{N+1} \tag{5-8}$$

式中：**Phase** 为反射相位矩阵；P_1，P_2，…，P_N，P_{N+1} 为非线性拟合系数；$\boldsymbol{b}(\boldsymbol{f})$ 为结构参数 b 在频率采样点 f 处的列向量。图5-6给出了非线性拟合后的反射相位与结构参数之间的关系，以12GHz、13GHz、15GHz、18GHz、19GHz、21GHz、24GHz采样频率点为例，发现非线性拟合结果与全波仿真结果吻合较好。

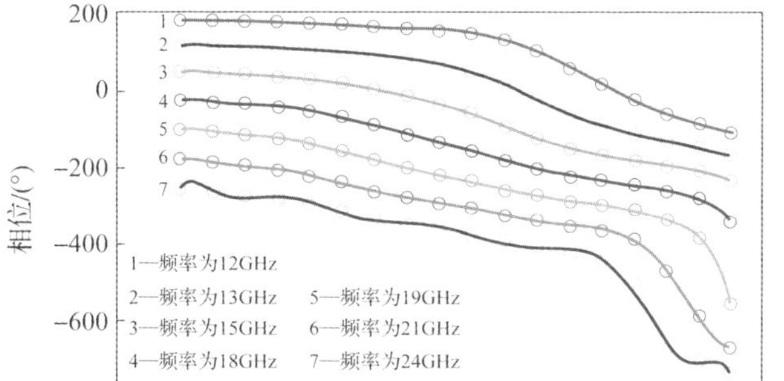

图5-6　结构参数与反射相位的非线性拟合结果与仿真结果对比
（分别在12GHz、13GHz、15GHz、18GHz、19GHz、21GHz、24GHz采样频点处）

至此我们利用非线性拟合的方法建立了反射相位与单元结构参数之间的映射关系，即给定结构参数可以快速计算得到反射相位曲线，为验证这种方法在编码超表面设计中的可行性，我们以宽带低RCS编码超表面为例进行说明。首先，利用非线性拟合后的映射关系［式（5-8）］结合遗传算法可以得到满足相位差的单元结构参数，即编码单元“0”和“1”。由式（5-3）可知，当 $\theta=0$，$\varphi=0$ 时编码单元相位差达到[143°,217°]，即可实现大于 10dB 的 RCS 缩减，因此优化的目标函数可以定义为

$$\text{fitness1} = \int_{\text{fstart}}^{\text{fstop}} g(f)$$

$$g(f) = \begin{cases} 1, & 180° - 37° < |\text{phase}_{b_0}(f) - \text{phase}_{b_1}(f)| < 180° + 37° \\ 0, & \text{其他} \end{cases} \tag{5-9}$$

式中：[fstart, fstop]为优化的频率范围；$\text{phase}_{b_0}(f)$和$\text{phase}_{b_1}(f)$分别为采样频点处编码单元“0”和“1”的反射相位，当优化达到最大工作带宽时目标函数值 fitness1 达到最大，经过优化得到最终的编码单元尺寸为 $P=5\text{mm}$，$h=2\text{mm}$，$b_0=0.738\text{mm}$，$b_1=1.942\text{mm}$，仿真结果显示在 12～24GHz 频带内，编码单元反射相位差为180°左右，反射幅度接近 0dB 符合设计要求，如图 5-7 所示。

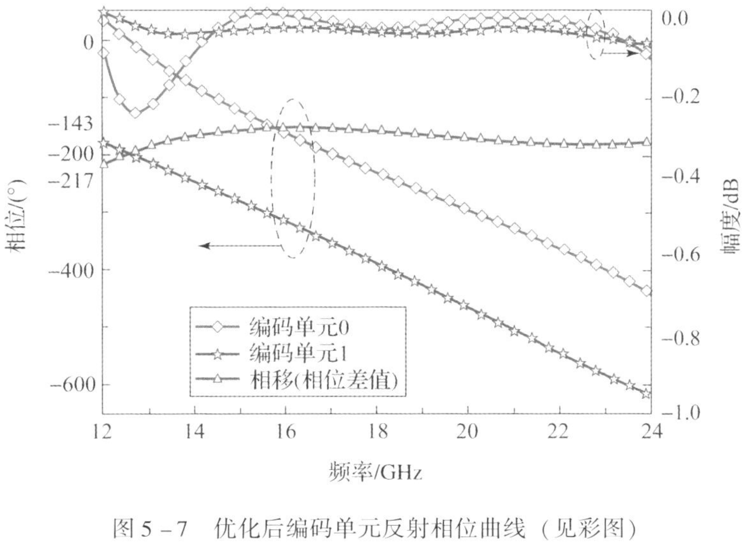

图 5-7　优化后编码单元反射相位曲线（见彩图）

5.2.3　宽带低 RCS 优化设计和仿真结果

作为编码超表面的重要应用之一，可以通过合理设计编码单元的排布实现降低 RCS 的效果，不同于之前我们提到的吸波材料通过吸收入射电磁波并将

其转换成内能所实现的 RCS 缩减，其原理是将入射电磁波散射到半空间从而降低来波方向的反射能量，由电磁场理论可知远场 RCS 与其散射场电场分布之间存在一定关系，可以表示为

$$\sigma = \lim_{r\to\infty} 4\pi r^2 \frac{|E_s|^2}{|E_i|^2} \tag{5-10}$$

因此，可以利用上述优化得到的编码单元，根据式（5－3）可快速计算出远场电场分布，进而利用优化算法优化编码序列对反射电场空间分布进行调控设计，实现宽带低 RCS 编码超表面，设计流程图如图 5－8 所示。

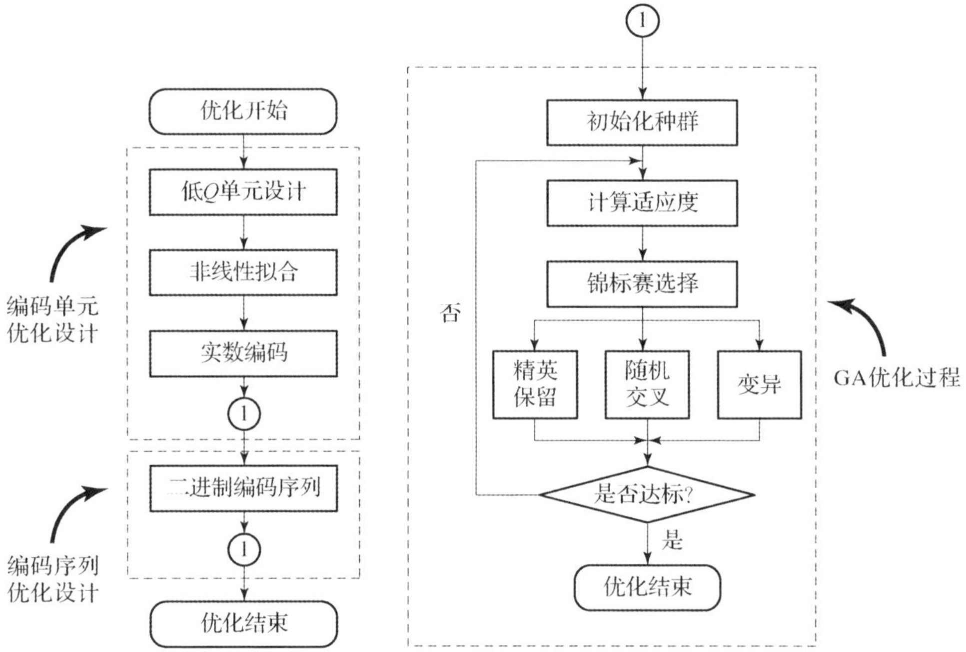

图 5－8　宽带低 RCS 编码超表面优化设计流程图

针对低 RCS 设计目标结合式（5－3），编码序列优化目标函数可定义为：fitness2 = max($E_{total}(\theta,\varphi)$)，其中 $E_{total}(\theta,\varphi)$ 为半空间范围内反射电场的分布，当适应度函数值达到最小时反射电磁波 RCS 在半空间范围内分布相对均匀且达到最小值。本书以 8×8 个编码超表面为例对编码序列进行了优化，目标函数经过遗传算法 153 代迭代后最终收敛，优化过程中种群最优适应度和平均适应度曲线如图 5－9 所示。

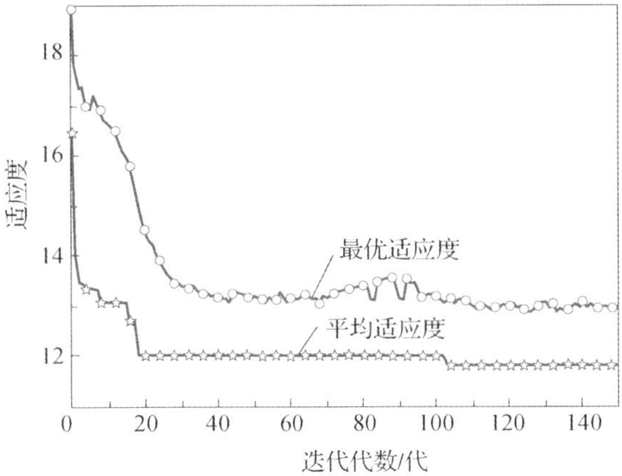

图 5－9　优化过程中种群最优适应度和平均适应度曲线

优化所得的编码超表面如图 5－10（a）所示，其对应的编码序列如图 5－10（b）所示，在此需要强调的是编码超表面采用 8×8 个编码序列优化实现，其中编码单元是由 4×4 个基本单元组成的，之所以采用这种超单元设计主要是为了避免毗邻单元之间的互耦效应。如图 5－11 给出了周期性单元、替换子单元、替换超单元的反射相位分布图，从图中可以清晰看出当替换子单元时由于毗邻单元之前发生互耦效应，子单元无法保持周期性结构中的相位，而当替换超单元时超单元依然可以保持原有相位响应。

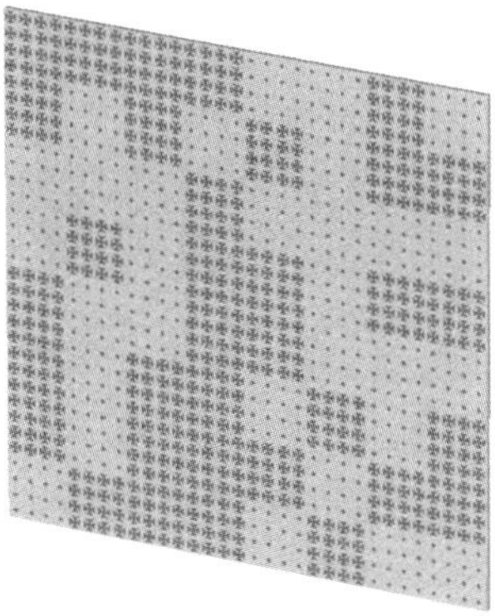

(a)

1	1	1	1	0	0	1	0
1	0	1	0	1	0	1	1
0	0	0	1	0	0	0	0
0	1	0	1	1	0	1	1
1	0	0	1	1	0	0	0
1	0	1	1	0	1	0	1
1	0	1	1	1	0	1	1
0	1	1	1	0	1	0	0

(b)

图 5－10　优化所得

（a）编码超表面结构；（b）对应的编码序列。

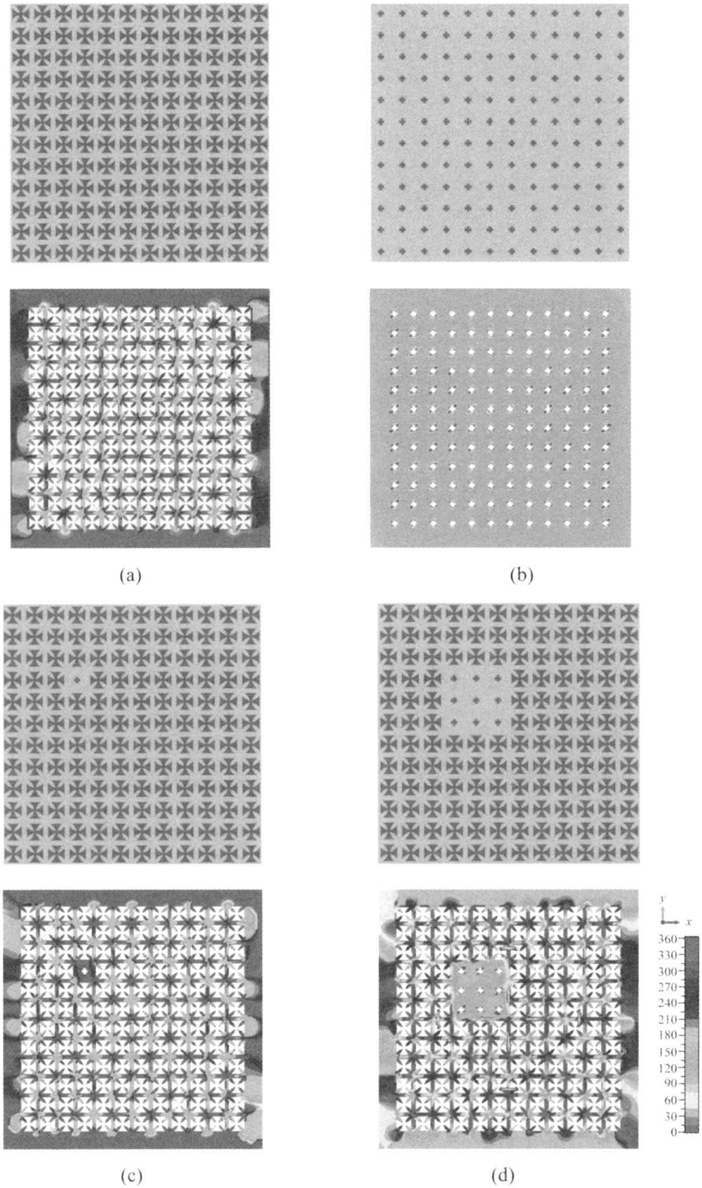

图 5-11　编码超表面采用不同子单元进行排布时的相位分布

（a）和（b）周期性排布的单元及其相位分布；

（c）替换子单元及其相位分布；（d）替换超单元及其相位分布。

利用 CST 仿真软对优化所得编码超表面进行仿真得到半空间内双站 RCS，并将结果与利用式（5-3）计算得到的远场方向图进行对比。以 18GHz 为例如图 5 - 12 所示，可以看出无论是数值计算还是全波仿真，结果均表明所设计的编码超表面对入射电磁波具有散射调控效果，仿真结果显示后向 RCS 显著降低。图 5 - 13 给出了全频段范围内编码超表面法向方向 RCS 仿真曲线，并将该结果与同等尺寸的金属板 RCS 进行对比，结果显示：在 12 ~ 24GHz 频带内编码超表面后向 RCS 缩减效果明显，缩减均大于 $10dBm^2$；在 23GHz 左右频带内编码超表面后向 RCS 缩减达到最大 $23dBm^2$。

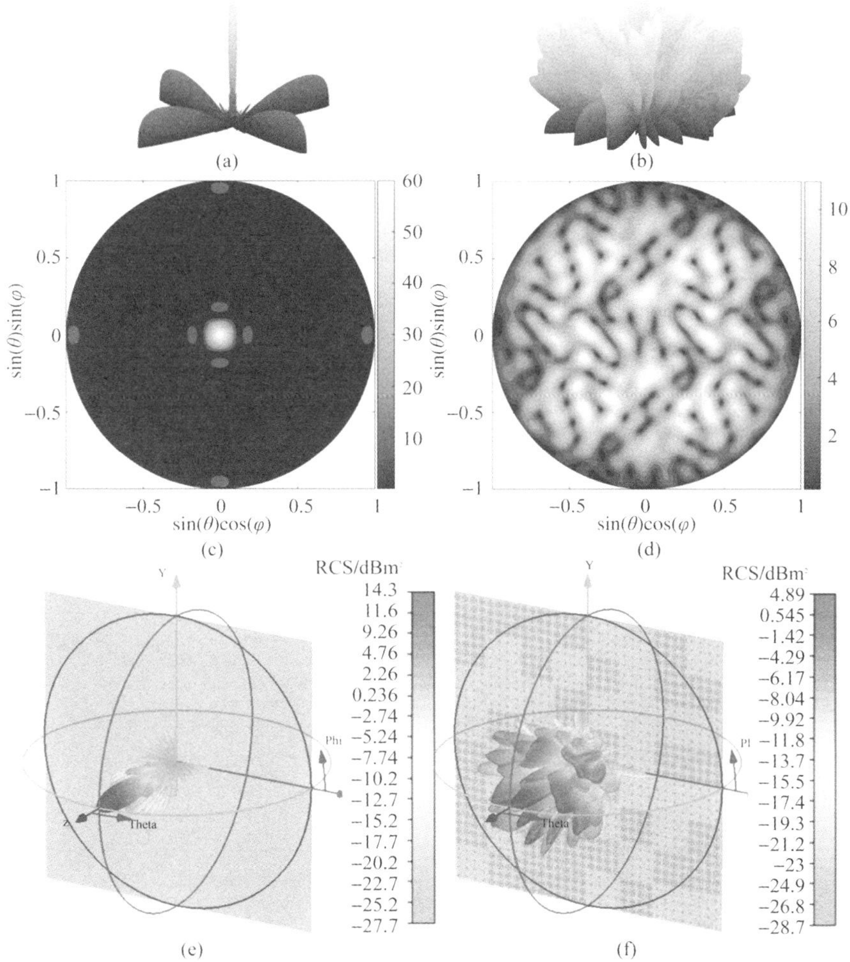

图 5 - 12　数值计算得到的金属板散射场

（a）三维分布图；（b）数值计算得到的编码超表面散射场三维分布图；

（c）二维分布图；（d）数值计算得到的编码超表面散射场二维分布图；

（e）全波仿真的双站 RCS；（f）数值计算得到的编码超表面散射场全波仿真的双站 RCS。

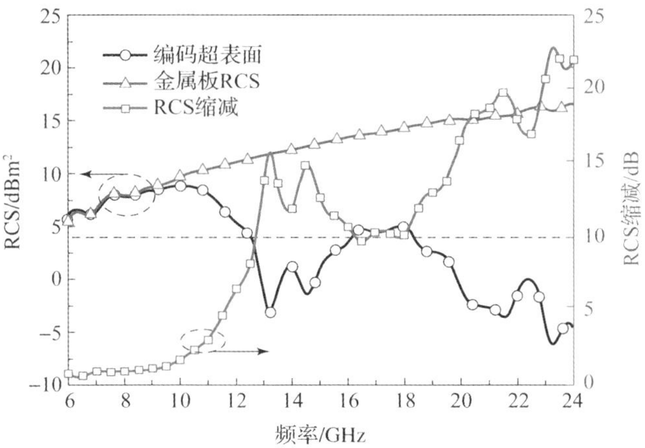

图 5-13 法向 RCS 对比图（见彩图）

5.2.4 实验验证

为验证上述设计的可行性，基于优化的编码序列利用印刷电路板工艺制作了如图 5-14（a）所示的编码超表面，该实验样品由 8×8 个编码序列组成，每个编码超单元由 4×4 个基本单元组成，样品尺寸为 160mm×160mm。在微波暗室中测定了样品的 RCS，并将结果与等尺寸的金属板进行对比，证实了所设计的编码超表面在宽频带范围内可实现单站 RCS 的缩减。

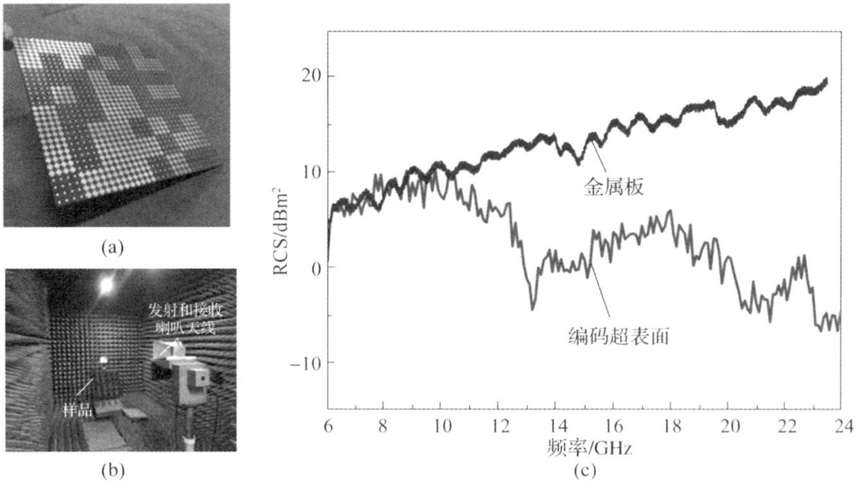

图 5-14 实验结果图

（a）制备的编码超表面实物照片；（b）测试环境；（c）后向 RCS 测试结果。

5.3　天线带内低 RCS 优化设计方法

天线作为现代通信和武器装备中最重要的器件之一，小到智能手机上的通信天线大到探测宇宙深空的射电望远镜，天线的应用已广泛渗透到各行各业，并且在日常生活和军事领域都发挥着至关重要的作用。作为无线通信、雷达探测及遥感等系统的射频前端，天线是导行波与自由空间波之间的能量/信号转换器件，对系统的整体性能起到了关键性的作用。随着无线通信技术的不断发展为满足日益增长的工程应用需求，对天线性能的要求越来越高，电磁超表面的出现为高性能天线的设计提供了更为广泛的材料基础和设计灵活度。通过在阵列天线上加载超材料/超表面可以实现对天线辐射性能的改性，其加载方式包括共面加载和盖板加载两种类型，其中盖板加载型可以在不改变原有天线原貌的前提下实现对天线性能的调控，在工程中也相对容易实现。

在军事领域天线既是探测、通信的工具，也是敌方雷达追踪探测的主要目标，因此降低天线 RCS 成为提高天线性能和战场生存能力的关键。天线作为辐射源无疑是 RCS 贡献的主要对象，天线不同于一般散射体其自身本就是一个辐射源向外辐射电磁信号。当被平面波照射时天线不仅会像普通散射体一样对来波形成散射，还会将接收的入射电磁能量以辐射体的形式再次向外辐射，天线这种与普通散射体相同的散射机理被称作结构模式项散射，而其作为辐射体所产生的二次辐射被称为天线模式项散射。现有的天线 RCS 缩减手段主要包括：

（1）对天线外形进行设计，通过改变天线的外观使其在某些方向具有较低的 RCS；

（2）通过加载吸波材料可实现天线工作带外的电磁波吸收，从而降低带外 RCS；

（3）通过加载频率选择表面屏蔽天线工作频带以外的信号，利用频率选择表面的外形特征将反射电磁波散射到非威胁方向，这种方法已在众多工程实践中得以应用如飞机天线罩，但这种方法也仅适用于带外 RCS 缩减；

（4）通过加载超材料/超表面单元结构和频率选择表面复合材料，根据散射对消原理在保证天线带内正常工作的同时将来波探测信号散射到非威胁方向，这种方法通常受制于复合结构优化设计。

上述这些 RCS 缩减方法仅适用于天线工作频带以外，无法实现天线工作频带内的 RCS 缩减。2011 年，西安电子科技大学龚书喜教授等提出通过附加延迟线的方法，基于散射对消原理借助优化算法降低阵列天线模式项 RCS，从而在不想影响天线辐射性能的前提下实现天线工作频带内的 RCS 缩减，受此思想启发结合超表面的空间波调控能力，设计实现了一种透射型超表面并将其应用在天线带内低 RCS 优化设计中。

5.3.1 工作原理和单元设计

附加延迟线的方法是对天线后端进行改造，人为地添加一段延迟线在保证阵列天线单元辐射相位不变的情况下即不影响天线原有辐射性能，探测电磁波信号经天线后端传输后反射，此时反射相位呈现为透射相位 2 倍的几何关系，利用这种关系结合散射相消原理可以实现反射信号的散射对消，从而实现天线工作频带内的 RCS 缩减，同时可确保天线原有辐射性能不受影响，类比这种设计思路通过在阵列天线表面加载超表面可以实现类似延迟线的功能，下面就其工作原理进行简述，为方便起见这里以贴片天线阵列为例，图 5－15 是加载超表面后的贴片天线阵列，天线以平面波出射超表面采用盖板形式，距离贴片天线阵列的距离为 h（$h=n\lambda, n\in 0,1,2,\cdots,N$，即为波长整数倍）。此时，由于超表面盖板距离天线为工作波长的整数倍，这段距离所产生的相移对天线辐射和反射电磁波均为 $n\times 2\pi$，因此从对波阵面影响角度来说均可忽略不计，如图 5－16（a）和（b）所示。同时，由于加载透射型超表面盖板存在相位延迟功能，使反射电磁波经过盖板产生的相移（2φ）是天线辐射信号经过盖板产生相移（φ）的 2 倍。换言之由于这种传输关系，同一透射型超表面盖板对天线辐射和反射信号表现出不同的相位分布特性，导致天线辐射和反射电磁波受不同相位分布超表面的调制作用，因此产生的辐射效果也可迥然不同。利用加载超表面上相位分布的设计理论，可以实现在天线自身辐射不受影响的前提下对反射电磁波实现散射对消，从而实现天线带内 RCS 缩减，如图 5－16（c）和（d）所示。

图 5 - 15　加载超表面盖板的贴片天线阵列

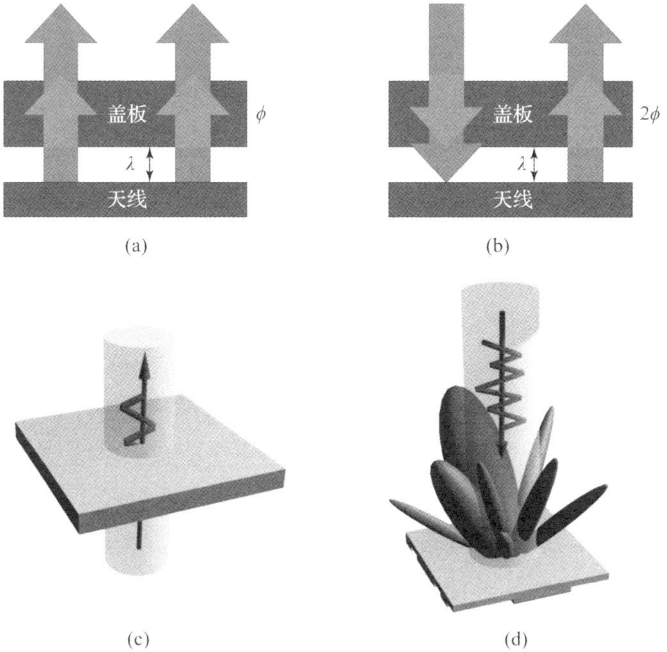

图 5 - 16　阵列天线综合实现天线带内低 RCS 原理示意图

（a）和（c）为天线自身辐射时，辐射特性不受影响；

（b）和（d）为探测信号经过反射后，实现散射相消。

为验证这种可能性，根据天线阵列综合设计原理对盖板超表面单元相位分布进行设计，对于 $M \times N$ 个超表面单元来说，平面波天线阵列辐射场可表示为 $E_{\mathrm{radiation}} = \mathrm{EF}_{\mathrm{antenna}} \times \mathrm{AF}$ ，其中 $\mathrm{EF}_{\mathrm{antenna}}$ 为天线辐射场，AF 为阵列因子，天线自身辐射场具体可表示为

$$\mathrm{AF} = \sum_{m=1}^{M} \sum_{n=1}^{N} \exp\{\mathrm{j}kd[(m-1/2)\sin\theta\cos\varphi + (n-1/2)\sin\theta\sin\varphi] + \mathrm{j}\phi(m,n)\} \tag{5-11}$$

式中：d 为超表面单元间隔；θ 和 φ 分别为球坐标系下的俯仰角和方位角；$\phi(m,n)$ 为对应单元的相位，由前面的分析可知透射型超表面盖板对天线自身辐射的相位延迟为 ϕ，对反射探测信号的相位延迟为 2ϕ，因此反射电磁波的散射场可记为

$$E_{\text{scattering}} = \mathrm{EF}_{\text{reflect}} \times \sum_{m=1}^{M}\sum_{n=1}^{N} \exp\{\mathrm{j}kd[(m-1/2)\sin\theta\cos\varphi + (n-1/2)\sin\theta\sin\varphi] + \mathrm{j}2\phi(m,n)\} \tag{5-12}$$

式中：$\mathrm{EF}_{\text{reflect}}$ 为天线单元反射场；$E_{\text{scattering}}$ 为经过超表面调制后的散射场。

从式（5-11）和式（5-12）的对比中就可看出，$E_{\text{radiation}}$ 和 $E_{\text{scattering}}$ 当且仅当 $\phi(m,n) = n\times 2\pi, n\in 0,1,2,\cdots,N$ 时相等，因此，通过设计透射型超表面的相位分布就可实现天线辐射场和反射电磁波散射场的不同调控。

利用金属锯齿结构设计实现了一种具有高透射率的超表面单元结构，在 0.5mm 厚的聚四氟乙烯（F4B，$\varepsilon_r = 2.65(1-0.001j)$）单面覆铜设计锯齿状金属结构，电磁波从两端入射和出射结构参数如图 5-17 所示，锯齿线两端为抛物线型，抛物线方程为

$$\begin{cases} x(t) = 0 \\ y(t) = t \\ z(t) = -\dfrac{l_1}{(h+t/2)^2}\times\left(t^2-(h+t/2)^2\right) + np - a/2 - l_1 \end{cases} \quad t\in[-h-t/2, h+t/2] \tag{5-13}$$

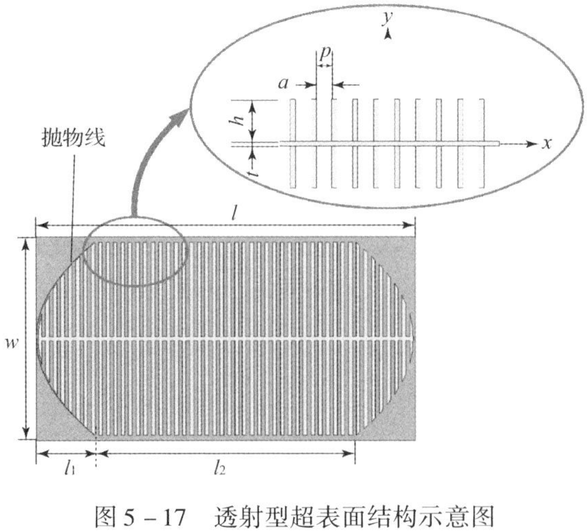

图 5-17　透射型超表面结构示意图

利用电磁仿真软件 CST Microwave Studio，令锯齿个数 $n=25$ 个，$p=0.4$mm，$a=0.2$mm，$t=0.2$mm，$l_1=3$mm，$l=20$mm，$w=10$mm，入射电场与锯齿同方向计算其在 10GHz 的传输特性，仿真了锯齿结构几何参数齿高 h 变化时传输相位的变化，如图 5-18（a）所示，随着齿高的增加传输相移随之增大，传输相位可以覆盖 $0\sim2\pi$；如图 5-18（b）所示，所设计结构单元在 $h<4.5$mm 时具有高透射率。

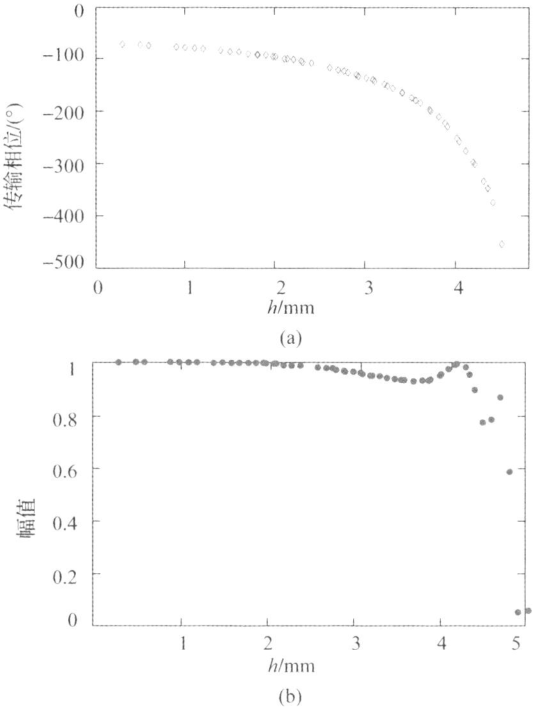

图 5-18　仿真传输特性结果

（a）透射相位；（b）透射幅度。

5.3.2　仿真结果与分析

这里我们首先利用优化算法对超表面的相位分布进行优化，利用式（5-11）和式（5-12）分别计算天线辐射场和反射电磁波散射场给定相位分布，即可快速预测出天线辐射场和反射电磁波的散射场，利用 GA 对上层超表面盖板相位分布进行优化，在保证辐射场主方向增益不变的前提下尽可能降低散射场的

主瓣辐射，优化结果目标函数可定义为

$$\min\ F(X)=\{\omega_1\times f(x)+\omega_2\times g(x),f(x)=|E_{\text{radiation}}-E_{\text{antenna}}|,g(x)=E_{\text{scattering}}$$

$$\text{subject to}\begin{cases}\sum_{i=1}^{2}w_i=1\\X=\{x_1,x_2,\cdots,x_M\}\in R^M\end{cases}\tag{5-14}$$

当天线辐射场与阵列天线本身的辐射场主瓣方向相等，反射电磁波散射场主瓣值最小时适应度值达到最小，即实现在不影响天线原有辐射的前提下降低反射电磁波的 RCS，经过优化后得到天线辐射场如图 5－19（a）和（b）所示，反射电磁波散射场如图 5－19（c）和（d）所示，从图中对比可知加载超表面后天线主瓣辐射方向受影响较小，而由于散射相消作用反射电磁波被散射到半空间非主瓣方向内。图 5－19 中 E_x、E_y、E_z 分别为电场在 x、y、z 方向的分量。

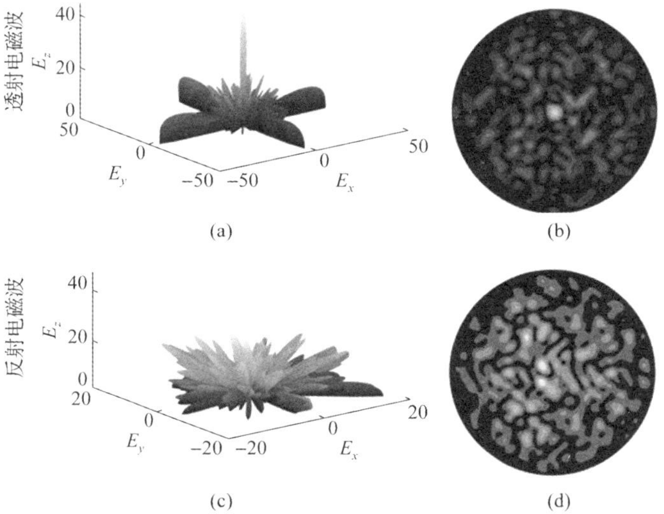

图 5－19　优化结果计算的天线辐射场和反射电磁波场的三维图和极坐图

（a）优化结果计算的天线辐射场三维图；（b）优化结果计算的天线辐射场极坐图；（c）反射电磁波散射场三维图；（d）反射电磁波散射场极坐图。

进而我们利用 5.2 节中提出的非线性拟合的方法，将所设计的锯齿状结构单元的结构参数 h 与传输相位之间进行非线性拟合得到如图 5－20 所示的拟合曲线，通过这种方式可以快速得到对应相位分布下的结构的参数值，以往的设计思路是根据结构参数扫描结果观察其传输特性变化规律，利用二分法的思想逼近目标参数，从而得到满足传输特性的结构参数，而这种通过非线性拟合方法的逆设计思路可以帮助我们快速得到结构参数，而不需要数量庞大的全波仿真可以提高设计效率。

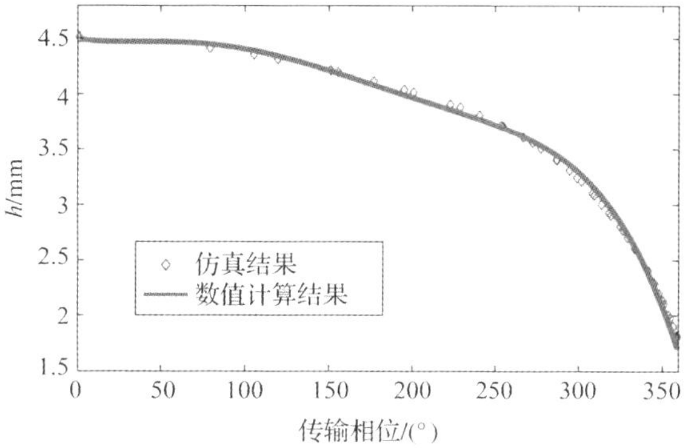

图 5－20　非线性拟合结果

为验证上述设计的可行性，结合上述优化计算得到的超表面相位分布和结构参数与传输特性之间的关系通过建模可以得到如图 5－21（a）所示的超表面盖板结构，其对应的传输相位如图 5－21（b）所示，然后仿真了加载超表面的阵列天线 RCS 如图 5－22（a）所示，后向散射被散射到半空间中起到了 RCS 缩减的效果，通过与金属背板的对比 RCS 缩减达到 10.4dBm^2，仿真了 10GHz 的天线的 E 面和 H 面的方向图，如图 5－22（b）和（c）所示可以看出加载超表面前后天线的主瓣辐射特性并未受到明显影响。至此，仿真结果证明加载超表面后的阵列天线在辐射特性未受到显著影响的前提下反射电磁波 RCS 得以缩减。

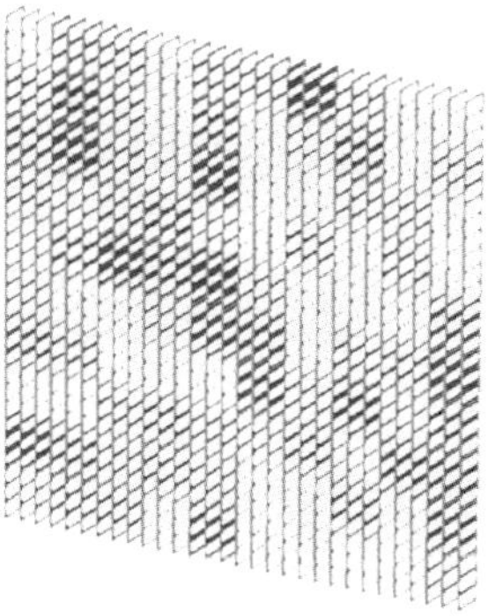

(a)

25.2	288.1	281.9	103.2	278.9	247.6	356.6	258.9	42.3	61.2
278.8	341.3	280.3	81.2	319.4	74.1	234.0	328.1	59.8	256.2
320.8	354.0	292.4	185.2	354.7	39.8	28.6	249.8	253.2	20.3
275.7	226.5	295.5	322.4	206.4	5.4	272.4	79.5	263.2	58.8
174.1	303.9	352.1	329.4	356.0	239.8	15.2	3.2	97.8	322.8
271.5	57.4	114.0	245.2	339.7	334.4	25.6	269.9	287.7	347.1
318.3	277.0	7.7	41.4	0.9	335.4	255.7	332.9	200.0	315.2
37.2	10.5	265.8	297.5	245.9	201.7	300.9	157.1	326.3	322.7
339.6	312.5	254.4	284.4	244.9	4.7	34.8	295.3	102.9	327.2
186.6	280.3	283.3	23.0	324.8	20.7	13.4	4.2	4.9	217.4

(b)

图 5－21　结构及对应位置相位分布图

（a）高效透射超表面结构；（b）对应的优化后的相位分布。

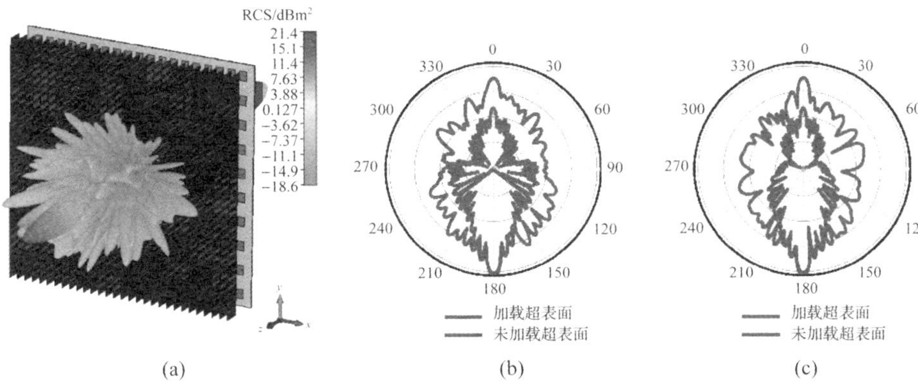

图 5 – 22　仿真结果（见彩图）

（a）加载超表面的阵列天线 RCS；（b）和（c）分别为天线辐射场 E 面和 H 面，
从加载超表面和未加载超表面对比来看，天线主瓣的辐射特性无明显差异。

5.3.3　实验验证

为进一步验证设计方法的可行性利用印制电路板工艺对超表面盖板进行了加工，为保证超表面之间的间隔，超表面单元之间利用 PMI 泡沫分隔，另外 PMI 泡沫起到了支撑作用，样品实物照片如图 5 – 23 所示。

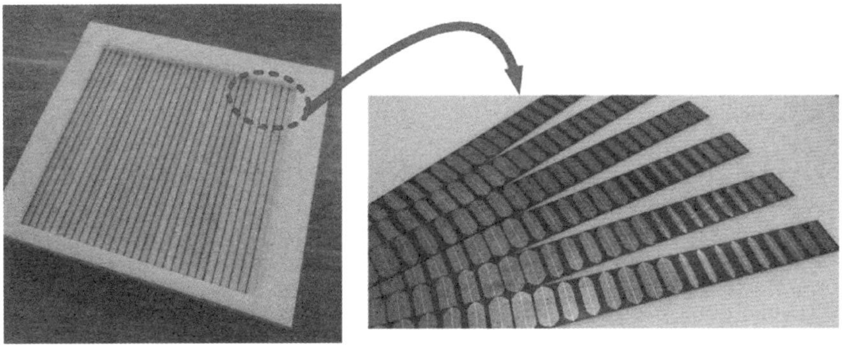

图 5 – 23　超表面盖板实物照片

为实现平面波出射源设计实现了一种超表面透镜天线，基于圆锥喇叭天线通过加载超表面盖板的方式实现相位补偿所设计的透镜天线和其三维增益方向图，如图 5 – 24（a）和（b）所示。

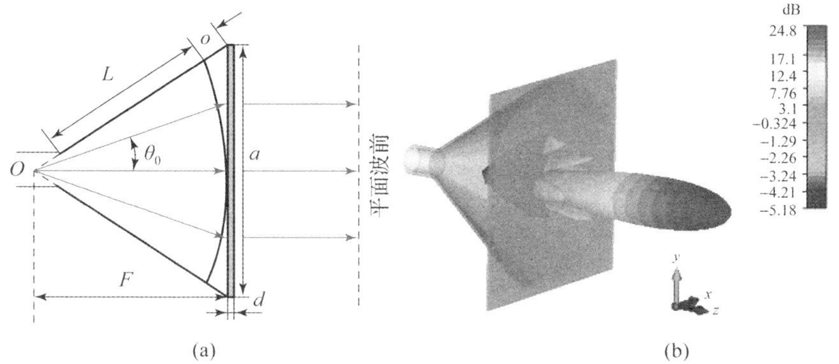

图 5－24　利用相位补偿设计实现的加载超表面的平面波透镜天线

（a）原理示意图；（b）三维增益方向图。

将超表面透镜天线与超表面盖板组合测量加载超表面的天线性能，图 5－25 给出了频率 $f=10$GHz 处加载超表面（有罩）和未加载超表面（无罩）天线的 E 面、H 面方向图，测试结果显示天线方向线较好，天线辐射性能在未加载超表面和加载后无明显差异，而加载超表面和未加载超表面天线归一化 RCS 测试结果如图 5－26（a）$\phi=0°$ 和（b）$\phi=90°$ 所示，反射电磁波后向 RCS 缩减达到 10.4dBm^2。

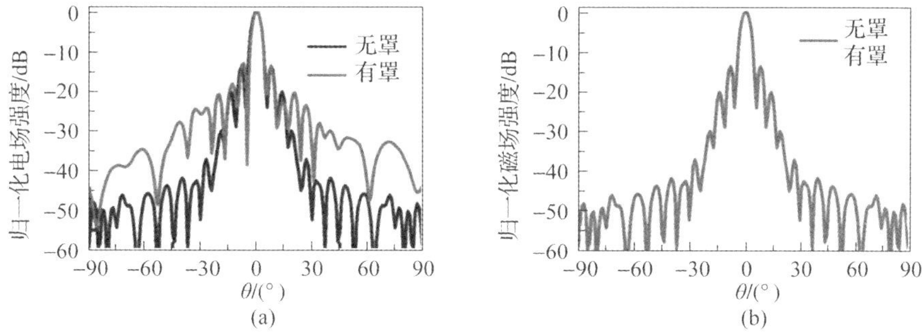

图 5－25　加载超表面（有罩）和未加载超表面（无罩）天线归一化辐射方向图（见彩图）

（a）E 面；（b）H 面。

至此，通过阵列天线综合理论设计实现的超表面加载到平面天线阵列上，可以实现在不影响阵列天线原有辐射特性的前提下反射电磁波后向 RCS 缩减，这种设计方法可以在不改变天线后端的前提下通过加载超表面盖板的方式有效降低天线工作频带内 RCS。

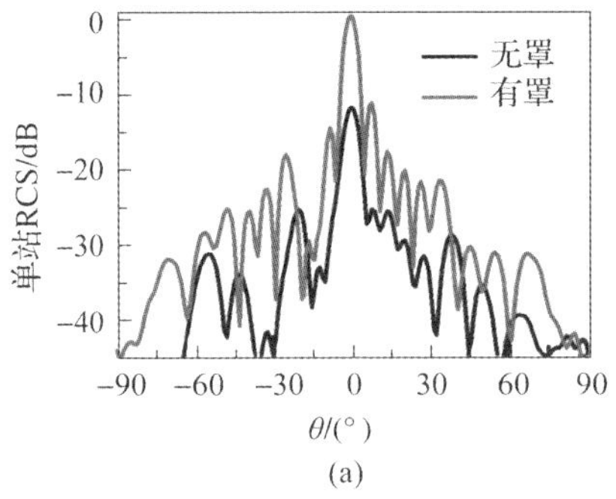

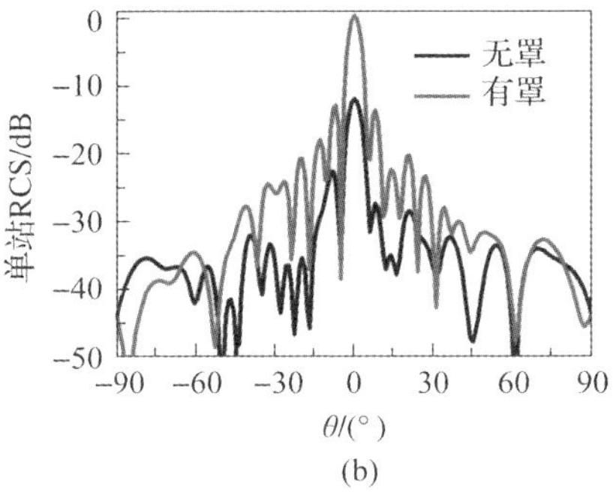

图 5-26　加载超表面（有罩）和未加载超表面（无罩）天线归一化 RCS（见彩图）

（a）$\phi=0°$；（b）$\phi=90°$。

5.4　1bit 多功能可重构编码超表面

前面我们分析了编码超表面和透射型超表面阵列天线综合设计原理，这两种超表面通过相位分布的设计具有异曲同工效果，可实现电磁波的方向性调控。时至今日从手机通信、Wi-Fi 网络到电视信号转播等，电磁波为我们的生活提供了便捷的无线接入方式，方便了人们的生活和交流。电磁波传播特性的调控在信号处理、雷达探测、成像、传感和检测等领域起到了至关重要的作用。近年来，随着信息技术的蓬勃发展，人们对这种重要的信息通信载体调控技术的需求日益提升，电磁波散射、极化、波束调控和传播方式等方面的调控所发挥的作用也日益凸显。随着超表面的发展和应用，2011 年哈佛大学 Capasso 教授等提出利用 V 型谐振单元用于同时控制透射电磁波幅度和相位，但幅值控制效率较低；2013 年和 2015 年，南丹麦大学 Anders Pors 教授等提出一种矩形谐振单元用于光频段反射电磁波的幅度和相位控制，并用于光学器件的设计，但这种利用电磁吸波特性对幅度进行的调控，一方面对加工精度要求较高，另一方面工作带宽较窄；2013 年，美国东北大学 Moshen 等提出一种透射型幅度和相位调控人工电磁表面，但幅度调控范围较窄；2014 年，英国伯明翰大学张霜教授等提出一种利用交叉极化转换控制电磁波幅度和相位的太赫兹超表面结构，这种方法设计简单可以实现相位和幅度的独立调控，但这种方法必须基于交叉极化超表面实现。综上所述，目前关于电磁波传输特性的调控，尤其是幅度和相位的调控仍存在设计复杂、调控范围有限、带宽较窄等缺陷。编码超表面作为一种新型的人工电磁超表面，相较于传统超表面具有更加简化的设计流程和表征方式，那么对电磁波传播特性的调控是否可以利用编码超表面实现？编码超表面一旦设计完成后只能在某些频率发挥一致的固定功能，能否设计一种编码超表面可实现多功能复用？带着这样的疑问，在本节通过分析编码超表面的工作原理基于1bit编码超表面提出了一种多功能可重构编码超表面，可实现对线极化和圆极化电磁波幅度、相位和极化状态的控制。

5.4.1 工作原理

1. 幅度

由之前5.2.1节中关于编码超表面工作原理的分析可知，通过编码序列的设计可以实现散射方向图的调控，即把入射电磁波散射到指定方向。当 $\theta=0$，$\varphi=0$ 时，辐射场为 $E_{\text{total}}=\sum_{m=1}^{M}\sum_{n=1}^{N}\mathrm{e}^{\mathrm{j}\phi(m,n)}$，从式（5-3）中可以看出远场电场分布只与 $\phi(m,n)$ 及其分布有关，因此通过调控编码超表面上编码单元的数量与排列方式即可实现远场波束的调控。此时如果仅关注 $\theta=0$ 方向的反射/透射电磁波，散射场幅度可改写为

$$|E_{\text{total}}|=|(1-\alpha)A_1\mathrm{e}^{\mathrm{j}\phi_1}+\alpha A_0\mathrm{e}^{\mathrm{j}\phi_0}| \tag{5-15}$$

式中：α 为编码单元“0”的占空比，相应地，$1-\alpha$ 为编码单元“1”的占空比；ϕ_0、ϕ_1 和 A_0、A_1 分别为编码单元“0”和“1”的传输相位和幅度。此时，散射场幅度仅与编码单元占空比和其自身的传输特性有关，一旦编码单元确定散射场幅度仅与编码单元的占空比有关，换言之可以通过调节编码超表面中不同编码单元的占空比即可实现反射/透射主方向幅度的调控。

不失一般性地，本节以反射型编码超表面为例进行说明。一般反射型编码超表面单元的反射幅度约等于1，即在无损耗性吸收的前提下电磁波能量几乎全部反射。由于 $A_0=A_1\approx1$ 利用式（5-15）计算可得反射主方向幅度，如图5-27所示编码超表面单元之间相位差和占空比对反射幅度的影响。从图中可以看出反射幅度的调节可通过三种方式实现：①一定相位差下通过改变编码超表面中编码单元的占空比；②确定占空比下改变编码超表面单元之间的相位

差，如利用单元结构的频率色散特性、改变单元结构、电可调节单元等；③对编码单元之间的相位差和占空比同时调控。从以上几种实现方式来看，第一种方法在确定编码单元结构（传输特性）的前提下，只需要改变占空比即可实现反射幅度[0,1]范围内调控，实现过程简单易行。这种方法设计的重点转变为在宽频带范围内具有恒定相位差的编码结构单元设计。据此，本书提出了一种被动可重构的设计方法用于反射幅度的调控。

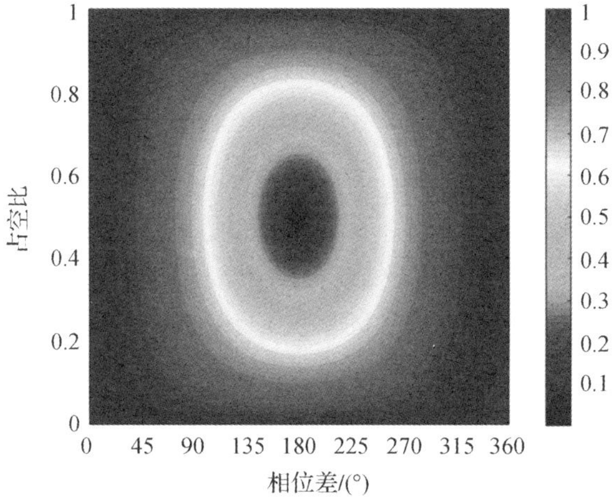

图 5－27　编码超表面单元之间相位差和占空比对反射幅度的影响

2. 相位

利用超表面界面相位突变的特性可以实现反射/透射相位的调控。对于线极化入射电磁波来说，利用编码超表面单元各向异性可以设计出针对不同极化的反射相位；对于产生极化转换的反射电磁波来说，反射相位的调节可以借助PB 相位实现。超表面局域慢轴方向（超表面单元旋转角度）与 x 轴为 θ 时，超表面所产生的琼斯矩阵可以记作：

$$\boldsymbol{M}=\begin{pmatrix}\cos 2\theta & \sin 2\theta \\ \sin 2\theta & -\cos 2\theta\end{pmatrix} \tag{5-16}$$

以圆极化电磁波为例，当入射电磁波为圆极化时圆极化可以等效为 x 和 y 方向线极化波的组合，即

$$\begin{bmatrix}E_L \\ E_R\end{bmatrix}=\frac{1}{\sqrt{2}}\begin{bmatrix}1 & -i \\ 1 & i\end{bmatrix}\begin{bmatrix}E_x \\ E_y\end{bmatrix}=C\begin{bmatrix}E_x \\ E_y\end{bmatrix} \tag{5-17}$$

因此，出射电磁波可以表示为

$$E_{\text{out}} = \text{CMC}^{-1}\begin{bmatrix} E_L \\ E_R \end{bmatrix} = \begin{bmatrix} 0 & e^{2i\theta} \\ e^{-2i\theta} & 0 \end{bmatrix}\begin{bmatrix} E_L \\ E_R \end{bmatrix} \tag{5-18}$$

从公式中可以看出，出射电磁波的手性发生变化，入射为 $|R\rangle$ 时出射为 $|L\rangle$ 即产生了极化转化。特殊地，当超表面为反射型时，反射电磁波与入射电磁波相比发生了极化转换，但同时传播方向发生变化，此时反射电磁波的手性与入射手性一致。为避免概念混淆我们称这种现象为圆极化同极化反射，也有文章称这种现象为圆极化镜像转化。同时出射电磁波获得一个附加相位，即 PB 相位记作 $\phi_{\text{PB}} = \pm 2\theta$，当入射电磁波为圆极化时通过旋转超表面单元 θ 时反射电磁波保持与入射电磁波同样的圆极化状态，同时产生 2θ 反射相移，这种 PB 相位同样存在于线极化入射电磁波发生极化转换时。

3. 极化旋转

极化旋转或极化转换是指电磁波的极化方式发生变化，如线极化发生交叉极化转化、圆极化发生同极化反射等，上面我们分析了圆极化转换对传输相位的影响，这里对线极化转换作简要分析：假定入射电磁波极化方向为 x 方向，如图 5-28 所示，经过反射后发生极化转换反射电磁波为 y 极化。当入射电磁波 $\boldsymbol{E}_i$ 的极化角为 θ_i 时反射电磁波 $\boldsymbol{E}_r$ 可被分解为 $\boldsymbol{E}_r = \boldsymbol{E}_{rx} + \boldsymbol{E}_{ry} = r_{xx}e^{j\phi_{xx}}\boldsymbol{E}_{ix} + r_{yy}e^{j\phi_{yy}}\boldsymbol{E}_{iy}$，其中 r_{xx}，r_{yy}，ϕ_{xx}，ϕ_{yy} 分别是 x 和 y 方向的反射系数和反射相移，根据等效电路理论可知，ϕ_{xx} 和 ϕ_{yy} 可以表示为

$$\begin{cases} \phi_{xx} = \text{Im}\left\{\ln\left(\dfrac{Z_{xx}-\eta}{Z_{xx}+\eta}\right)\right\} \\ \phi_{yy} = \text{Im}\left\{\ln\left(\dfrac{Z_{yy}-\eta}{Z_{yy}+\eta}\right)\right\} \end{cases} \tag{5-19}$$

式中：Z_{xx} 和 Z_{yy} 为 x 和 y 方向的等效阻抗；η 为自由空间波阻抗；$\boldsymbol{E}_{rx}$ 和 $\boldsymbol{E}_{ry}$ 之间的相位差记作 $\Delta\phi = \phi_{yy} - \phi_{xx}$。当 Z_{xx} 较小时，类似于金属阻抗，反射相位 ϕ_{xx} 接近 $\pm\pi$；反之当 Z_{xx} 非常大时，类似高阻抗表面阻抗，反射相位 ϕ_{xx} 几乎为 0。这种关系对 Z_{yy} 和 ϕ_{yy} 同样适用。当入射电磁波极化角为 $\theta_i = \arctan(|\boldsymbol{E}_{iy}|/|\boldsymbol{E}_{ix}|)$ 时，反射电磁波极化角可表示为 $\theta_r = -\arctan(|\boldsymbol{E}_{ry}|/|\boldsymbol{E}_{rx}|) = -\arctan(r_{yy}|\boldsymbol{E}_{iy}|/r_{xx}|\boldsymbol{E}_{ix}|)$，当且仅当 $r_{xx} \approx r_{yy} \approx 1$，$\theta_i = \pi/4$ 和 $\Delta\phi = \pm\pi$ 同时满足时，反射电磁波 $\boldsymbol{E}_r$ 与入射电磁波 $\boldsymbol{E}_i$ 将会产生 90°极化转换，即当超表面金属单元与 x

轴夹角为45°时，此时由于在 u 和 v 方向发生不同谐振（电谐振或磁谐振）产生 π 的相位差如图 5－28（c）和（d）所示。

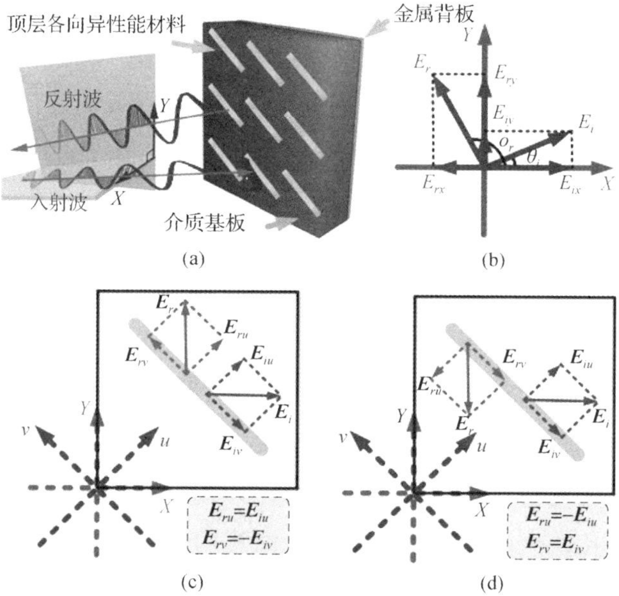

图 5－28　极化旋转示意图

（a）线极化交叉转换示意图；（b）笛卡儿坐标系下，入射电磁波和反射电磁波分解；

（c）和（d）发生交叉极化转换的电场分解示意图，分别对应电谐振和磁谐振。

5.4.2　编码单元设计与仿真结果

根据前面的分析可知，利用编码超表面欲实现入射电磁波幅度、相位和极化状态的调控需要设计一种各向异性编码超表面单元结构，进而利用占空比调节、各向异性特性和单元取向等多种方式组合实现电磁波传输特性调控。根据这一要求我们提出一种被动可重构编码超表面，可实现宽频带范围内电磁波传输特性的独立自由调控。

编码单元结构如图 5－29 所示，在厚度为 3mm 的聚四氟乙烯［F4B，$\varepsilon_r = 2.65(1-0.001j)$］基材上设计了一种“工”字形结构单元，优化后的结构参数如表 5－2 所示，其中编码单元一和编码单元二都具有相同的结构和材料参数，编码单元二可以理解为编码单元一中心旋转 45°，这种各向异性的单元结构对于不同极化入射电磁波可表现出不同的响应从而实现反射相移的调控。

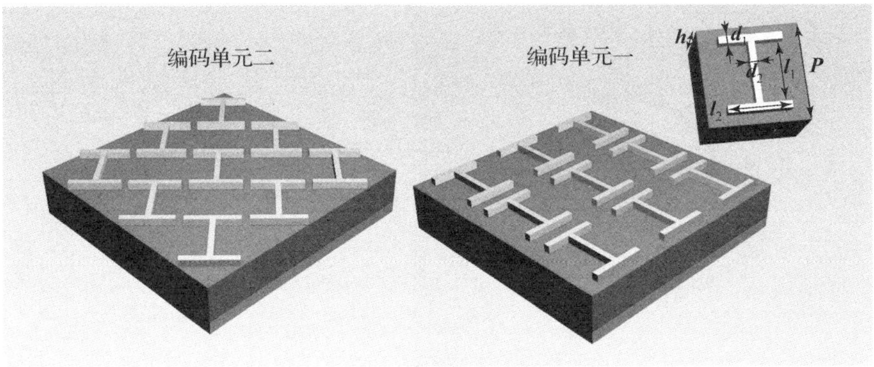

图 5－29　编码单元结构示意图

表 5－2　编码单元优化后参数

名称	尺寸/mm
P	6.67
h	3.00
l_1	4.17
l_2	4.14
d_1	0.49
d_2	0.44

利用 CST 仿真了两种周期性结构的传输特性，如图 5－30 所示，对于编码单元一来说编码单元“0”和“1”结构可通过旋转 90°互相转换，利用其各向异性的特点当入射电场为 x 极化和 y 极化时反射幅度均约等于 1，二者反射相位差值在 8～20GHz 频率范围内维持在 180°附近，取值范围为[143°,217°]。

同理，对于编码单元二来说编码单元“0”和“1”结构可通过旋转 90°互相转换。当电磁场沿极化方向入射时，无论是编码单元“0”还是编码单元“1”，反射电磁波均表现出极化旋转特性，可实现交叉极化反射，即反射电磁波为 y 极化，如图 5－31 所示。在 8～20GHz 工作频率内交叉极化转化效率达到 90% 以上，反射电磁波以交叉极化出射，因此根据前面的分析可知，此时编码单元“0”和“1”的交叉极化反射相位差满足 PB 相位条件，两者相位差在宽频带范围内保持 180°。

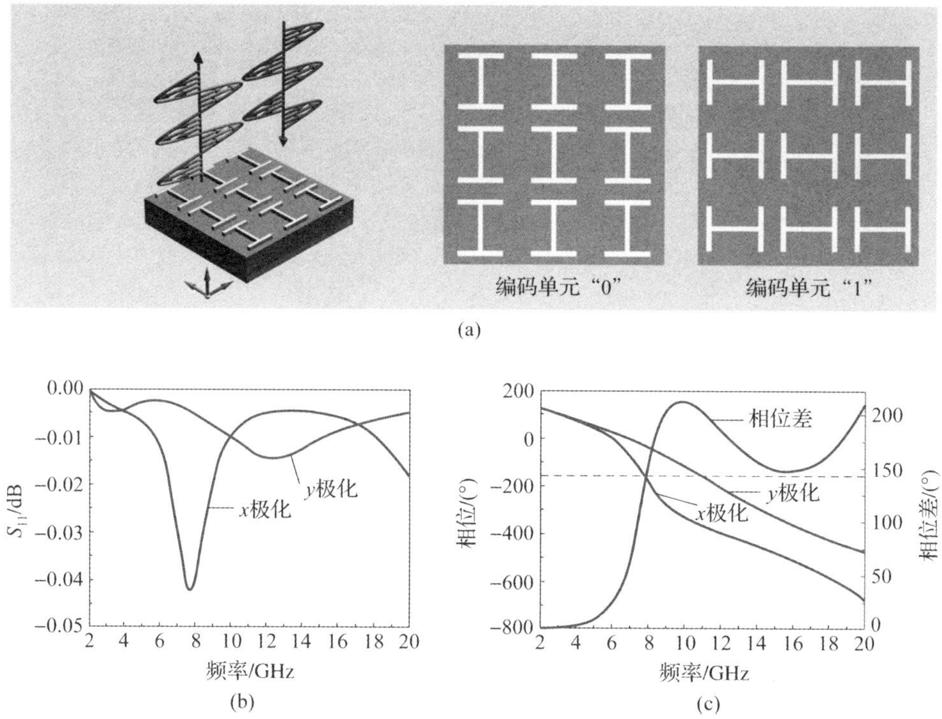

图 5－30　结构示意图及仿真结果

（a）编码单元一的传输特性示意图以及其组成的编码单元“0”和“1”结构示意图；
（b）当入射电磁波沿 x 极化和 y 极化入射时，编码单元“0”和“1”的反射幅度；
（c）当入射电磁波沿 x 极化和 y 极化入射时，反射相位及二者的相位差。

对于编码单元一和编码单元二来说，当入射电磁波为圆极化波时，编码单元之间的差异仅为表面“工”字形结构旋转的角度。图 5－32 给出了两种编码结构的圆极化入射条件下的传输特性，两种编码结构对圆极化入射电磁波表现出同极化反射的特性，对于编码单元“0”和“1”两者同极化转化率在 8～20GHz 范围内保持 90% 以上，旋转表面“工”字形金属结构可以实现圆极化同极化反射的相位调控，由 PB 相位分析可知相移可以在宽频带范围内保持一致。

综上分析可知，对于两种编码单元来说其编码单元“0”和“1”之间可以通过旋转 90°相互转换，所以从这个角度上来说这四个编码单元可由基本的两种编码单元一的编码“0”和编码单元二的编码“1”变换得到，这样使设计的单元结构尽可能精简，而且尺寸一致便于加工和区分。无论是编码单元一

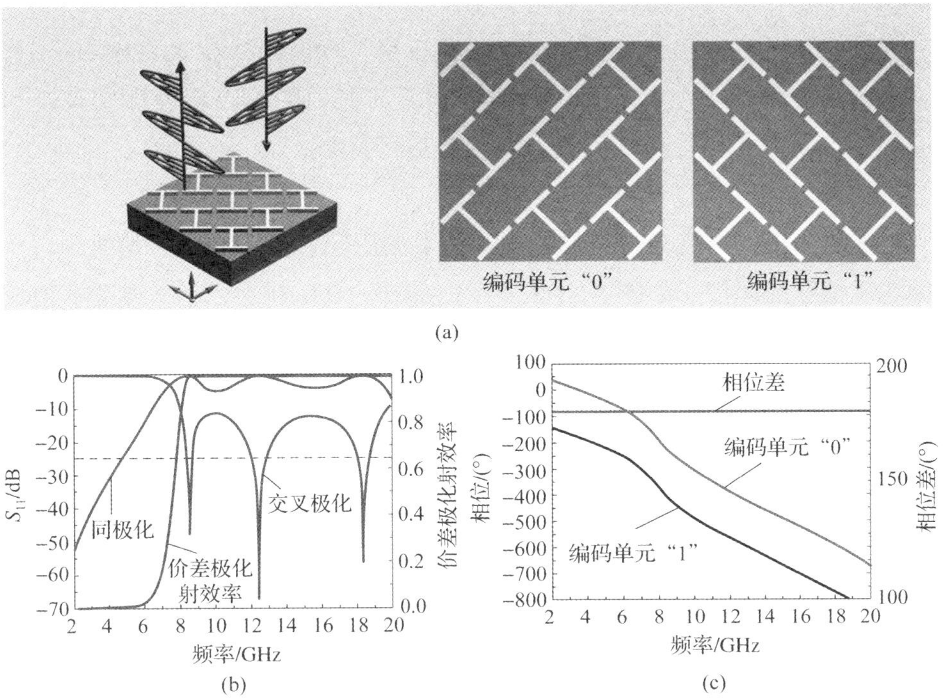

图 5-31 结构示意图及仿真结果

(a) 编码单元二的传输特性示意图以及其组成的编码单元"0"和"1"结构示意图;

(b) 当入射电磁波沿 x 极化入射时，编码单元"0"和"1"的交叉极化幅度;

(c) 当入射电磁波沿 x 极化入射时，交叉极化反射相位及二者的相位差。

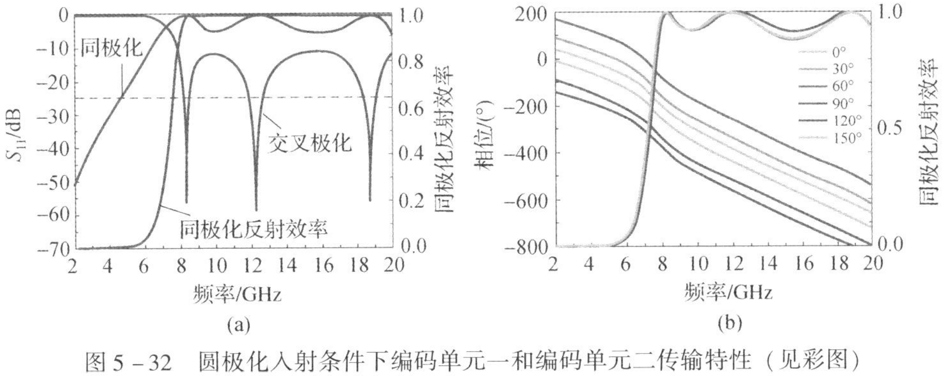

图 5-32 圆极化入射条件下编码单元一和编码单元二传输特性（见彩图）

(a) 编码单元"0"和"1"圆极化同极化反射效率;

(b) 改变编码单元上"工"字形结构角度时，同极化反射效率和相移。

还是编码单元二均可实现反射电磁波相位的调控，其对应的编码单元“0”和“1”可实现高效的同极化反射或交叉极化反射，反射相移在 8～20GHz 工作频带内基本维持在 180°左右。下面我们分别就如何利用编码超表面实现反射电磁波特性（幅度、相位和极化状态）逐条进行说明。

1. 幅度

根据前面小节中的分析可知，通过调节编码超表面中的两种编码的占空比即可实现幅度的调控。如图 5－33 所示，编码“0”和“1”作为基本组成部分，如图中的独立小方块在编码超表面区域利用固定尺寸的 PMI 泡沫框将编码单元按照一定的占空比进行排布，即可实现反射电磁波主方向的幅度调控，其占空比确定前提下排布方式对反射幅度无影响。

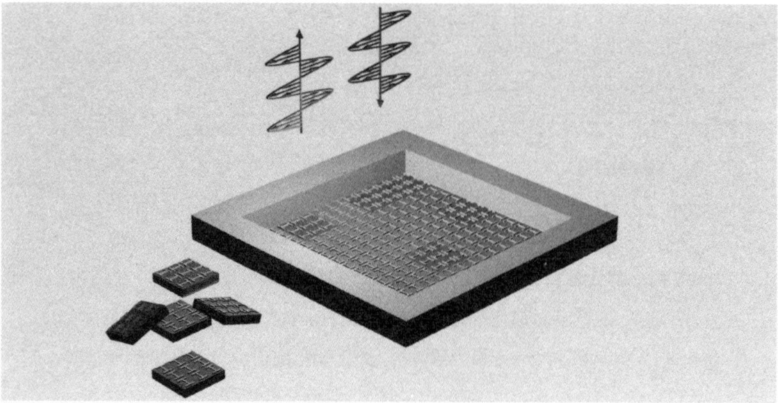

图 5－33　通过调节编码占空比实现反射幅度调控示意图（见彩图）

我们以编码单元一为例，对线极化反射幅度调控进行说明：根据编码单元一的编码“0”和“1”的传输特性（图 5－30 仿真结果）计算可得反射电磁波幅度随频率和编码占空比的变化，如图 5－34 所示，因为所设计编码单元在 8～20GHz 工作频率内编码单元反射幅度约等于 1 且两者相位差在 180°左右，这使通过调节占空比可实现在宽带范围内的反射幅度调节。当编码“1”的占空比在[0,1]范围内变化时可以实现反射幅度[0,1]的无级调控，特殊地，我们通过计算得到反射幅度为[0,0.1,0.2,…,1]时对应的占空比结果如图 5－35 所示。在宽频带范围内反射幅度基本保持一致，在 10GHz 处出现的波动主要是由于编码单元之间相位差不均匀。

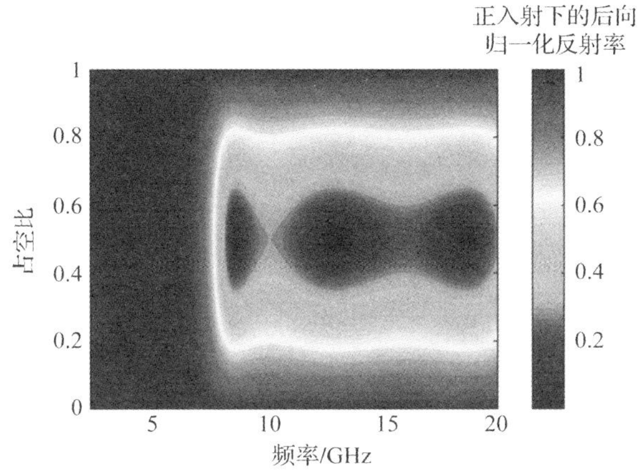

图5－34　编码单元一所实现的编码超表面，
入射波为线极化时，反射幅度随编码占空比和频率变化图

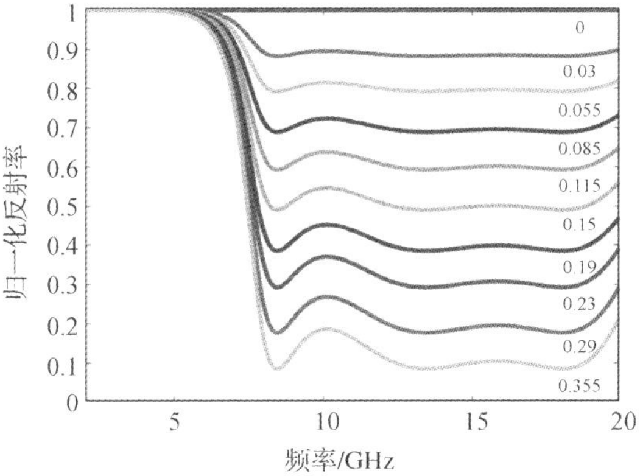

图5－35　反射幅度为[0,0.1,0.2,…,1]时对应编码超表面的占空比

为进一步说明利用编码单元之间占空比调控反射幅度的可行性，结合数值计算方法以占空比为0.5为例，随机生成了四种编码单元排列分布，如图5－36（a1）、（b1）、（c1）、（d1）所示，分别计算反射电场的散射场分布结果，如图5－36（a2）、（b2）、（c2）、（d2）所示，由于不同的排布方式经调控后的散射场呈现不同的方向性分布，但通过图5－36（a3）、（b3）、（c3）、（d3）的极坐标可以看出主方向（$\theta=0$）反射幅度始终保持一致，这也说明了在编码单元确定的前提下反射幅度仅与编码单元占空比有关。因此对于每个确定占空比，我们可采用随机数列用于编码单元的排布。

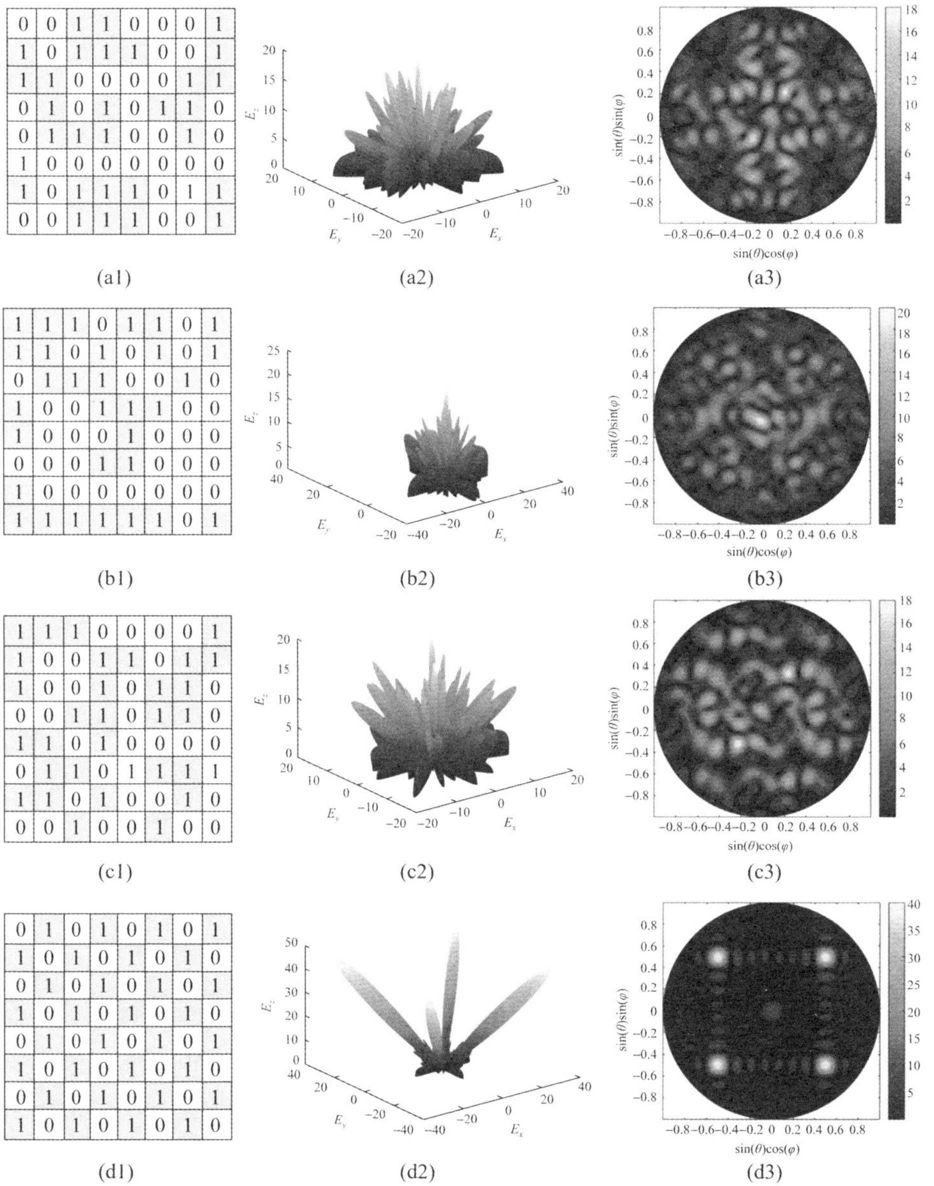

图 5－36　对占空比为 0.5 的编码超表面，随机生成的四种编码序列对远场辐射特性的调控

（a1）、（b1）、（c1）、（d1）对应不同编码序列；

（a2）、（b2）、（c2）、（d2）对应不同排布编码超表面远场电场分布三维图；

（a3）、（b3）、（c3）、（d3）对应不同排布编码超表面远场电场分布极坐标图。

我们利用 CST 对反射幅度分别为 0.1，0.2，…，0.9 的编码超表面以其对应的占空比进行编码序列的随机排布并进行建模，如图 5－37 所示。本例中采用 10×10 的编码阵列，导致占空比取值的精度为小数点后两位，需要对上述计算所得的占空比做近似，如果随着编码阵列的增加占空比所能取得的精度也会随之进一步提升，反射幅度的调节也会更加精准，然后我们对所设计的编码超表面进行仿真，仿真时边界条件为“open addspace”以平面波入射到编码超表面上，全波仿真了 14GHz 编码超表面处远场方向图，如图 5－38 所示。不同占空比对应的编码超表面对反射电磁波表现出不同的调制作用，反射电磁波被散射到半空间中使主方向反射幅度降低以达到目标反射幅度。

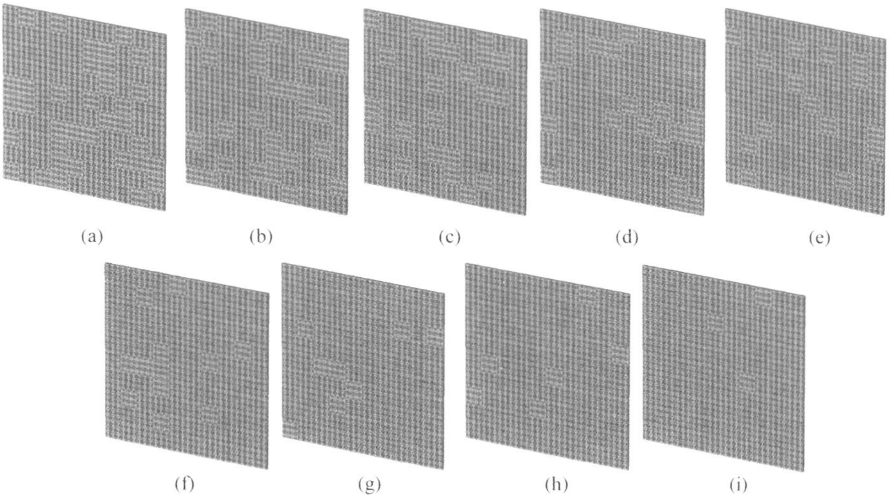

图 5－37　反射幅度为 0.1，0.2，…，0.9 时对应的占空比及其编码超表面结构示意图
（a）反射幅度 0.1，占空比 0.35；（b）反射幅度 0.2，占空比 0.29；（c）反射幅度 0.3，占空比 0.23；（d）反射幅度 0.4，占空比 0.19；（e）反射幅度 0.5，占空比 0.15；（f）反射幅度 0.6，占空比 0.115；（g）反射幅度 0.7，占空比 0.08；（h）反射幅度 0.8，占空比 0.055；（i）反射幅度 0.9，占空比 0.025。

另外，编码单元设计时的各向异性导致编码单元“1”和“0”可以通过旋转 90°进行互换，如果我们将所设计的编码单元理解为独立的方块，类似于中国古老游戏“华容道”，在总的编码数量不变的前提下，可以通过改变方块的方向和不同类型方块的数量实现编码超表面的可重构控制。从上面的分析可知，不同占空比的编码单元和排布可实现不同的散射场分布，从而实现反射电磁波的幅度可重构调节，这种可重构的调节方式是十分简便易行的。

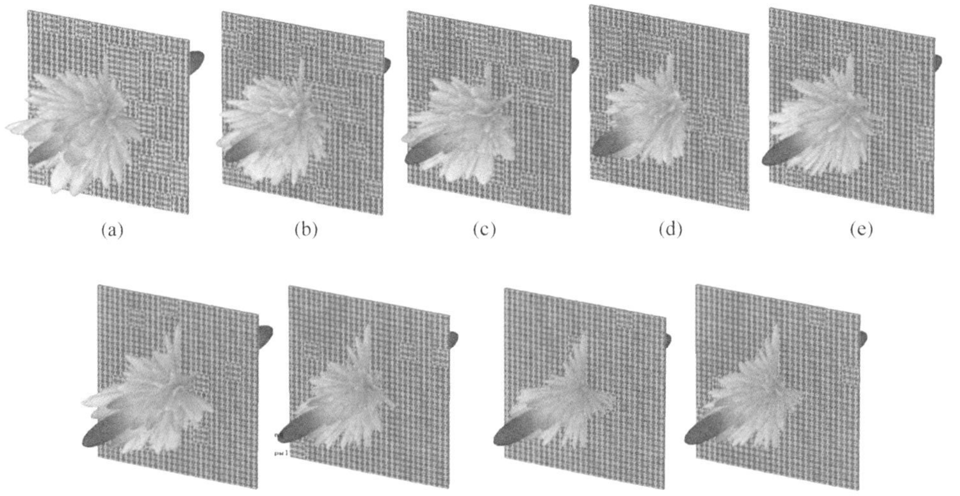

(a) (b) (c) (d) (e)

(f) (g) (h) (i)

图 5-38 反射幅度为 0.1，0.2，…，0.9 时编码超表面 14GHz 反射电磁波远场方向图
(a) 反射幅度 0.1，占空比 0.35；(b) 反射幅度 0.2，占空比 0.29；(c) 反射幅度 0.3，占空比 0.23；(d) 反射幅度 0.4，占空比 0.19；(e) 反射幅度 0.5，占空比 0.15；(f) 反射幅度 0.6，占空比 0.115；(g) 反射幅度 0.7，占空比 0.08；(h) 反射幅度 0.8，占空比 0.055；(i) 反射幅度 0.9，占空比 0.025。

同理，对反射电磁波发生极化转换时的反射幅度调控进行说明。以圆极化为例，根据编码单元一的编码“0”和“1”的传输特性（图 5-30 和图 5-31 仿真结果），编码单元在实现高效率圆极化同极化反射的前提下，在宽频带范围内实现 180°相位差，进而计算可得反射电磁波幅度随频率和编码占空比的变化，如图 5-39 所示。因为所设计编码单元在 8～20GHz 工作频率内，编码单元同极化反射幅度大于 0.9，且两者相位差为 180°，这使通过调节占空比可实现在宽频带范围内的反射幅度调节。当编码“1”的占空比在[0,1]范围内变化时，可以实现反射幅度[0,1]的无级调控，特殊地，我们通过计算得到反射幅度为[0,0.1,0.2,…,1]时，对应的占空比结果如图 5-40 所示。在宽频带范围内反射幅度基本保持一致，在 10GHz 和 16GHz 附近出现的波动，主要是由于编码单元同极化反射率不均匀。相较于非极化转换单元反射幅度调控，编码单元圆极化同极化反射相位更为均匀，使宽频带范围内反射幅度也相对均匀。

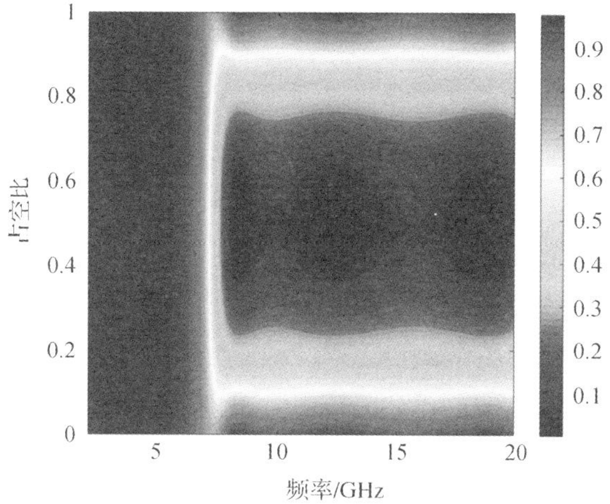

图 5-39　编码单元一所实现的编码超表面，
入射波为圆极化时，反射幅度随编码占空比和频率变化图

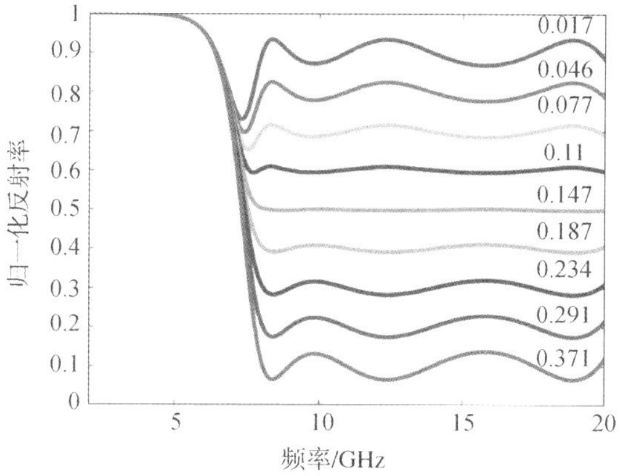

图 5-40　反射幅度为[0.1,0.2,…,1]时对应编码超表面的占空比

我们利用仿真软件 CST 对所设计的编码超表面进行建模和全波仿真，对每个确定占空比我们采用随机数列用于编码单元的排布，其对应结构如图 5-41 所示。通过全波仿真了 14GHz 编码超表面远场方向图，如图 5-42 所示反射电磁波被散射到半空间中使主方向反射幅度降低达到反射幅度目标。

将上述基于编码超表面的数值计算结果和全波仿真结果进行对比，如图 5-43 所示。由于入射电磁波未发生极化转换，如图 5-43（a）所示全波仿真结果与数值计算结果大致保持一致趋势。在高频区域全波仿真的反射

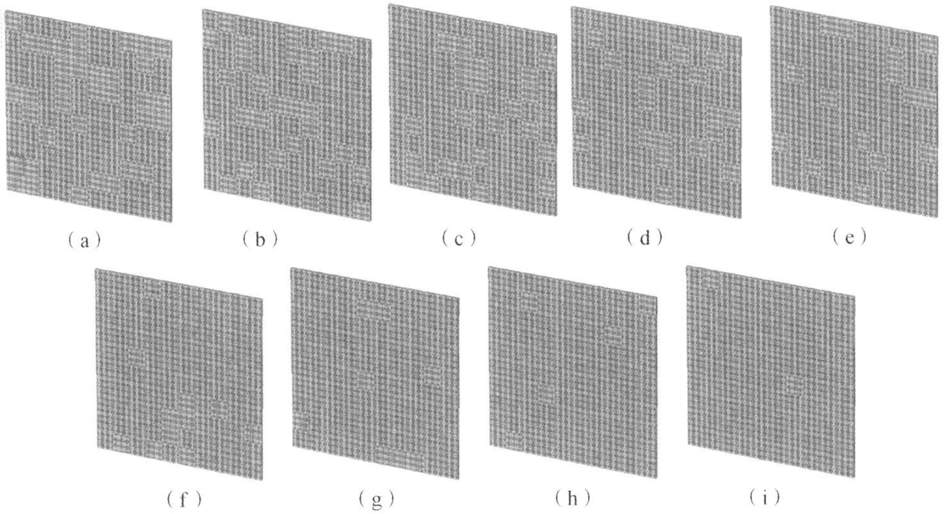

图 5-41　反射幅度为 0.1，0.2，…，0.9 时对应的占空比及其编码超表面结构示意图

(a) 反射幅度 0.1，占空比 0.371；(b) 反射幅度 0.2，占空比 0.291；(c) 反射幅度 0.3，占空比 0.234；(d) 反射幅度 0.4，占空比 0.187；(e) 反射幅度 0.5，占空比 0.47；(f) 反射幅度 0.6，占空比 0.11；(g) 反射幅度 0.7，占空比 0.077；(h) 反射幅度 0.8，占空比 0.046；(i) 反射幅度 0.9，占空比 0.017。

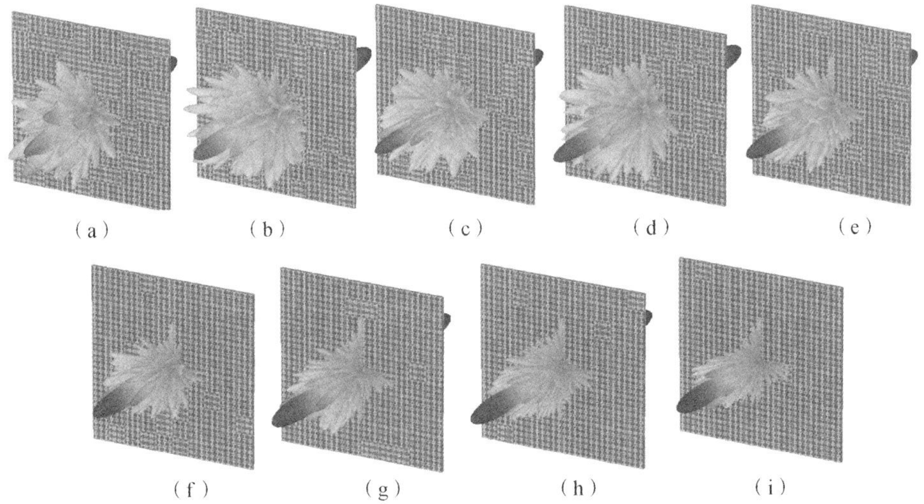

图 5-42　反射幅度为 0.1，0.2，…，0.9 时编码超表面 14GHz 反射电磁波远场方向图

(a) 反射幅度 0.1，占空比 0.371；(b) 反射幅度 0.2，占空比 0.291；(c) 反射幅度 0.3，占空比 0.234；(d) 反射幅度 0.4，占空比 0.187；(e) 反射幅度 0.5，占空比 0.47；(f) 反射幅度 0.6，占空比 0.11；(g) 反射幅度 0.7，占空比 0.077；(h) 反射幅度 0.8，占空比 0.046；(i) 反射幅度 0.9，占空比 0.017。

幅度整体高于数值计算结果，分析主要原因是反射相位不够均匀和随着频率升高编码单元之间耦合增强使编码单元的各向异性特性得以削弱，导致相位差偏离设计值使全波仿真反射幅度偏大。如图 5－43（b）所示，对于极化转换（圆极化）反射电磁波来说，全波仿真结果与数值计算结果较好吻合，曲线中抖动主要是由采样点数量和精度限制所致。

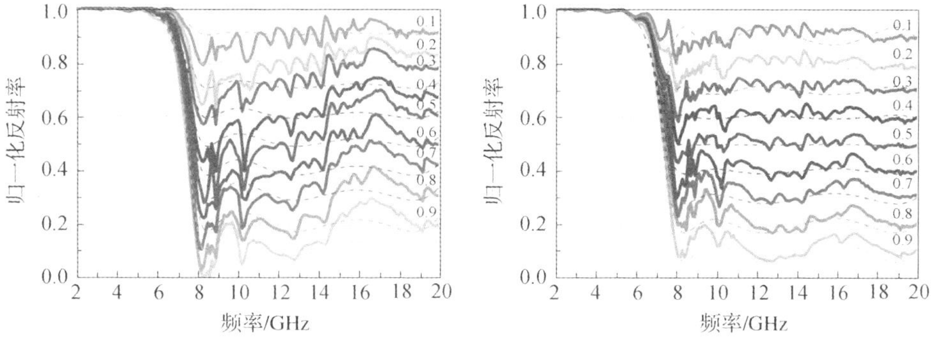

(a)　　　　　　(b)

图 5－43　数值计算与全波仿真反射幅度对比

（a）线极化；（b）圆极化。

2. 相位

基于两种编码单元对编码单元进行统一化编码，当线极化入射时利用编码单元一的各向异性可以实现 8～20GHz 频带内相位差 180°的调控，如图 5－30（c）所示；利用编码单元二的极化旋转特性，当线极化入射时可以实现交叉转换条件下的 PB 相位调控，实现 180°相位差，如图 5－31（c）所示。当圆极化入射时，编码单元一和编码单元二均可是实现圆极化同极化反射条件的 PB 相位，两者相结合可实现 90°、180°、270°相位差调控，如图 5－32（b）所示，两者结合还可实现 2bit 编码超表面进而实现更为灵活的电磁波调控。

3. 极化状态

当入射电磁波为线极化时利用编码单元二，当占空比为 0 或者 1 时编码超表面退化为周期性排列的超表面，编码“0”或“1”进行周期性排布即可实现高效的宽频带线极化的交叉极化转换，如图 5－44（a）所示；当入射电磁波为圆极化时利用编码单元一或编码单元二将编码“0”或“1”进行周期性排布，即可实现高效的宽频带圆极化同极化反射，如图5-44（b）所示。为避免混淆需要特别强调的是当入射电磁波为圆极化时，根据式（5-18）可知，反射电磁波发生了极化转换，但反射电磁波与入射电磁波传播方向相反导致两者表现为相同手性，所以这里我们称之为同极化反射。

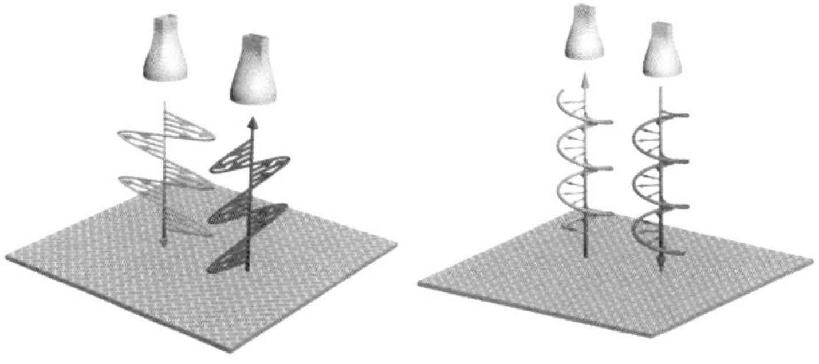

(a)　　(b)

图5-44　线极化和圆极化转化示意图

（a）编码单元二实现线极化交叉极化转换示意图；（b）编码单元二实现圆极化同极化反射示意图。

5.4.3　实验验证

为验证以上提出的被动可重构编码超表面设计可行性，采用印制电路板工艺加工了编码单元一和编码单元二结构各100块，使用PMI泡沫制作了固定支架方便编码单元的排布和填充，如图5-45所示。根据上述计算所得结果，通过更改编码单元的取向和占空比即可实现编码超表面的可重构控制，进而实现反射电磁波的幅度、极化和相位的可重构调控。

图5-45　被动可重构编码超表面实物照片

首先，我们利用自由空间法测量了编码单元一的传输特性包括反射幅度和相位，具体操作方法是：当编码单元一占空比为 0 或者 1 时，编码超表面退化为仅包含编码“0”或编码“1”的周期性超表面，用一对宽频带线极化喇叭天线测量对应 x 极化和 y 极化入射电磁波下的反射幅度和相位，如图 5－46（a）和（b）所示；同时针对编码单元二，当编码单元占空比为 0 或者 1 时退化为周期性排列的超表面，据此测量了交叉极化转换下的极化转换效率和反射相位，如图 5－46（c）和（d）所示。

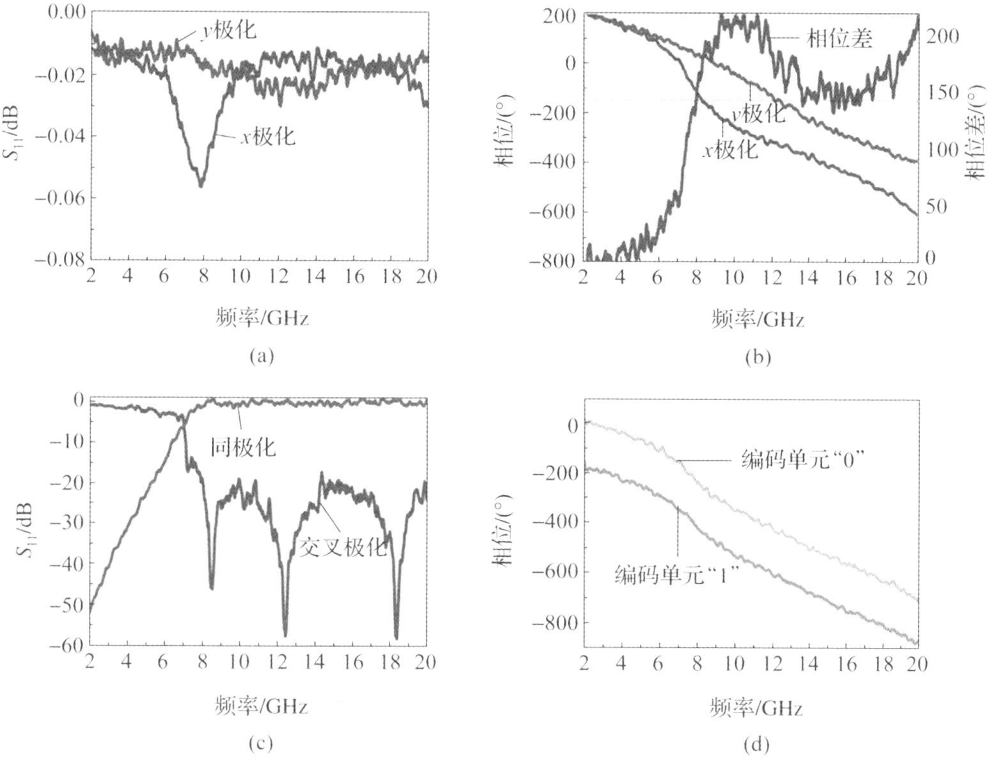

图 5－46　编码单元一和编码单元二的传输特性测试结果

（a）反射幅度；（b）反射相位；（c）交叉极化转换效率；（d）交叉极化反射相位。

最后，我们利用天线测试平台对不同占空比的编码超表面的反射幅度进行测量，对应占空比下需手动更改不同编码单元块的数量以满足占空比要求，编码单元的排布不受限制。以编码单元一和单元二为例，利用一对宽频带线极化喇叭天线测量了未发生极化转化条件下的方向图，并利用金属板进行归一化，如图 5 - 47（a）所示，与仿真结果对比，高频区域幅值相对不均匀主要是由编码单元相位不均匀和测量误差所致；测定了单元二线极化入射发生极化转换条件下的远场方向图，将测量的方向图利用金属板进行归一化处理后测试结果如图 5 - 47（b）所示。测试结果与仿真结果基本保持一致，图中所带来的波动主要是由编码单元块之间拼接时存在接缝、拼接不规整等导致相移出现误差所致。

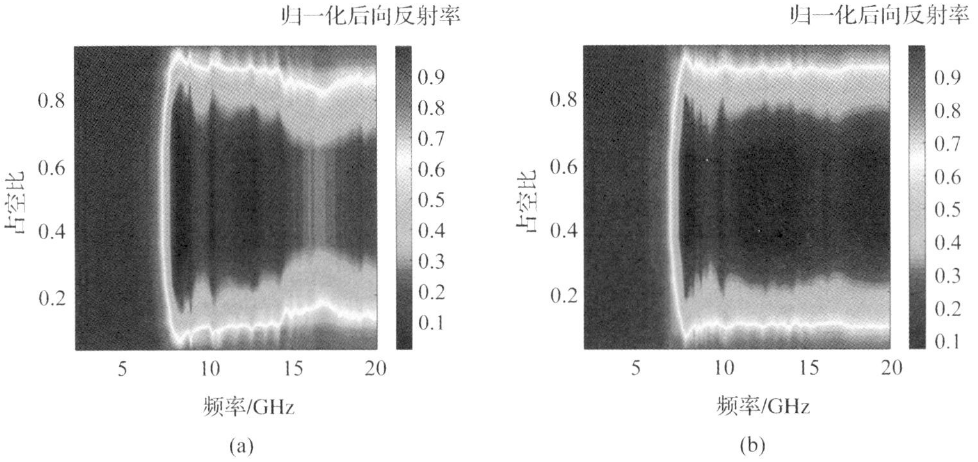

图 5 - 47　利用天线测试平台测得的归一化反射幅度

（a）编码单元一（未发生极化转化）；（b）编码单元二。

5.5　小结

本章主要研究了编码超表面的工作原理及其在 RCS 缩减中的应用，针对如何快速设计编码超表面提出了一种利用非线性拟合方法快速实现无 PB 相位宽频带编码超表面设计的算法，设计实现了一种宽频带低 RCS 编码超表面。利用编码超表面强大的空间波束调控能力类比天线接收机后端加载延迟线实现带内 RCS 缩减的思路，提出了一种天线带内低 RCS 优化设计方法，通过加载优化设计的超表面盖板可以在保证天线辐射性能不受影响的前提下实现天线工作频带内 RCS 缩减。通过对编码超表面空间电磁波调控机理的研究，提出了一种 1bit 多功能可重构编码超表面设计方法，仅通过控制编码单元占空比和单元方向即可实现电磁波反射幅度、相位、极化的可重构控制，基于“工”字形编码单元结构针对线极化和圆极化入射电磁波设计了一种宽频带调幅、调相和极化转换的可重构多功能编码超表面。另外，将编码单元一和编码单元二进行结合还可实现圆极化入射条件下的 2bit 编码超表面，进而实现更为灵活的波束调控。

第6章 复合机理低RCS超表面拓扑优化设计

6.1 引言

前面我们研究了吸波材料、频率选择表面和编码超表面的优化设计方法，这些材料或结构基于吸收或散射的方式可实现反射电磁波的调控，进而实现降低RCS的功能，提高其隐身性能。传统降低RCS的方法包括外形设计、加载吸波材料和散射对消等，其中外形设计不在本章讨论范围。是否可以利用复合机理将多种RCS缩减机理进行综合？如何设计实现复合机理低RCS表面？从这样的疑问和低RCS超表面的需求角度出发，本章讨论了对称性破缺吸波超表面的工作原理，并提出基于吸波和散射复合机理的编码超表面综合拓扑优化设计方法，利用拓扑优化方法设计实现了一种宽带复合低RCS超表面，进而利用铟锡氧化膜的透光特性设计了一种具有光学透明特性的低RCS编码超表面。

6.2 对称性破缺吸波超表面

对称性破缺是一个横跨物理学、生物学、社会学和系统论等学科的概念，狭义上可以简单理解为对称性元素的缺失，或原来具有高度对称性的系统由于不对称因素的出现系统对称程度降低的现象。对称性破缺广泛存在于自然界中，如人的左右手掌纹、树叶的叶脉等，基于周期性排列的超表面吸波体在整体上表现出较高的对称性，当引入对称性破缺时超表面性能也会随之发生相应变化，下面就其工作原理进行分析。

6.2.1 对称性破缺吸波工作原理

对于周期性排布的吸波超表面对入射电磁波产生响应实现能量吸收，由于具有高度的对称性吸波超表面单元所产生的电磁响应是统一的。如图 6－1 所示，利用拓扑优化设计的超表面吸波体可实现 6.7～20GHz 频带内 90% 以上的吸收率。

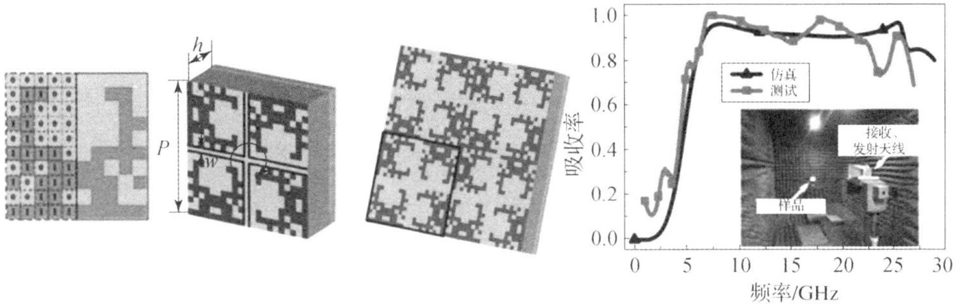

(a)　　　　(b)

图 6－1　基于拓扑优化设计的超表面吸波体及其吸收率

（a）超表面吸波体；（b）吸收率。

当超表面吸波体部分单元结构因表面材料脱落、老化失效等因素，使原本高度对称的周期性吸波体产生对称性破缺时所引入的对称性破缺单元，会引入新的传输特性响应，对超表面整体性能产生影响。为方便分析我们假定超表面单元出现的对称性破缺是均匀的，如图 6－2 所示这样的对称性破缺结构与编码超表面具有高度相似性，因此我们利用编码超表面设计理论对对称性破缺的吸波超表面进行分析。

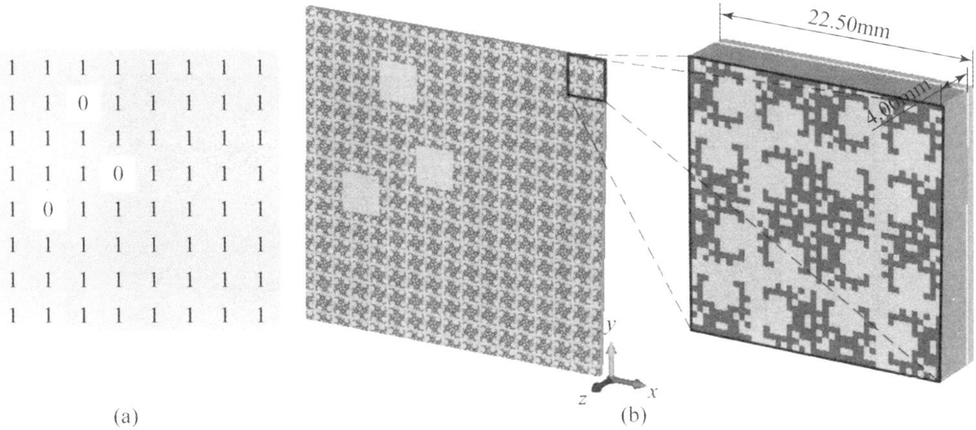

(a)　　　　(b)

图 6－2　对称性破缺超表面吸波体结构示意图及对应编码

（a）编码；（b）结构示意图。

根据编码超表面设计原理，我们将原本的超表面吸波单元和对称性破缺的空白单元，按照编码规则定义为编码“1”和“0”，假定编码单元“1”和“0”的反射幅度分别为 A_1 和 A_0，反射相位为 P_1 和 P_0，两者之间相位差记作 $\Delta P = |P_1 - P_0|$。根据编码超表面计算式（5－2）、式（5－10）和式（5－15）可得对称性破缺的超表面吸波体的归一化（与同尺寸金属板对比）后向 RCS（$\theta=0$）：

$$\sigma_r = 10\ \lg\left[\frac{\alpha A_0 e^{jP_0} + A_1 e^{jP_1}}{2}\right]^2 \tag{6-1}$$

式中：α 为编码单元“0”和“1”的数量比记作 $\alpha = n_0/n_1$；n_0 和 n_1 为对应编码单元数量，利用 MATLAB 计算了后向 RCS 与编码单元反射幅度和相位差的关系，如图 6－3 所示。当 $A_0 = A_1 = 1$ 时即一般的编码超表面，如图 6－3（a）所示，此时后向 RCS 缩减 10dB 以上（为实线内区域），反射相移需大致满足［143°,217°］的条件；如图 6－3（b）～（d）所示，当原周期性超表面反射幅度

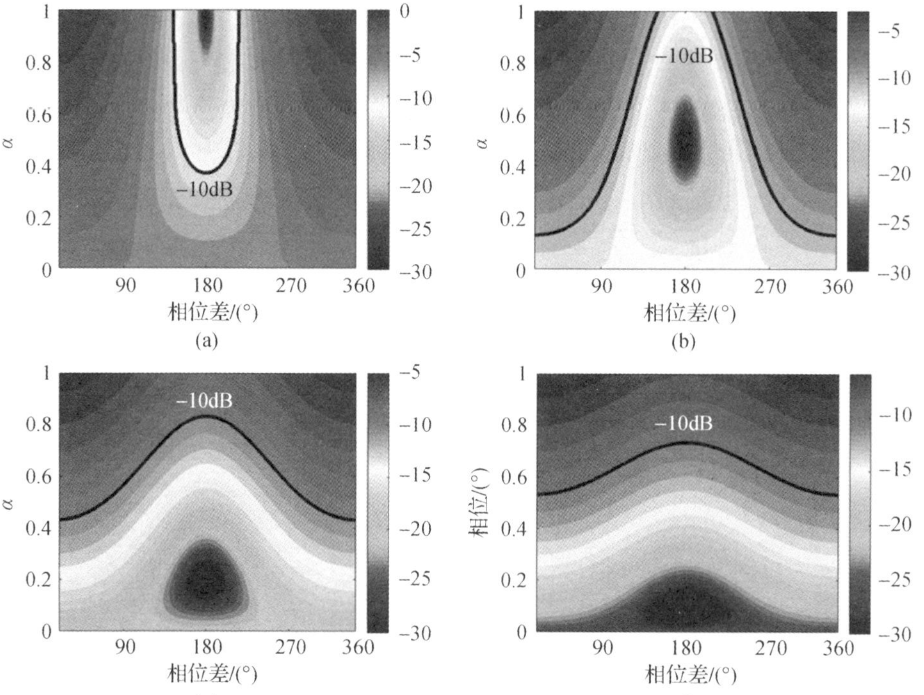

图 6－3　不同反射幅度的超表面随对称性破缺单元占空比和反射相移的变化

（a）$A_0 = 1$，$A_1 = 1$；（b）$A_0 = 1$，$A_1 = 0.5$；（c）$A_0 = 1$，$A_1 = 0.2$；（d）$A_0 = 1$，$A_1 = 0.1$。

逐渐减小时，即吸收性能越来越好时能够实现后向 RCS 缩减 10dB 以上的区域逐渐扩大，即实现大于 10dB 后向 RCS 缩减所需的相位差条件变得相对宽松；同时通过引入对称性破缺单元，其数量发生变化时即改变 α 即可实现后向 RCS 调控，为 RCS 缩减提供了新的设计自由度。特别地，当 $\alpha = 0$ 时此时不存在对称性破缺。

根据上述分析可知，超表面吸波体出现对称性破缺时，根据破缺空白单元数量的多少可为原超表面吸波体引入不同程度的散射调控，进而改善原有的 RCS 缩减效果。

6.2.2 单元设计与仿真结果

根据上述分析可知，周期性超表面吸波体可通过引入对称性破缺实现后向 RCS 的调控。我们以之前设计的超表面吸波体为例，如图 6－1 所示，对其对称性破缺后的电磁特性进行讨论，利用 CST 仿真软件对超表面吸波体组成的编码“1”和对称性破缺空白单元组成的编码“0”的传输特性进行仿真，结果如图 6－4 所示编码单元“1”由于吸收特性在 6.7～20GHz 频带内反射幅度仅为 0.1 左右；编码单元“0”因为失去原有的吸收特性表现出全反射的特性，反射幅度接近 1；编码单元“0”和“1”之间存在一定的相位差。

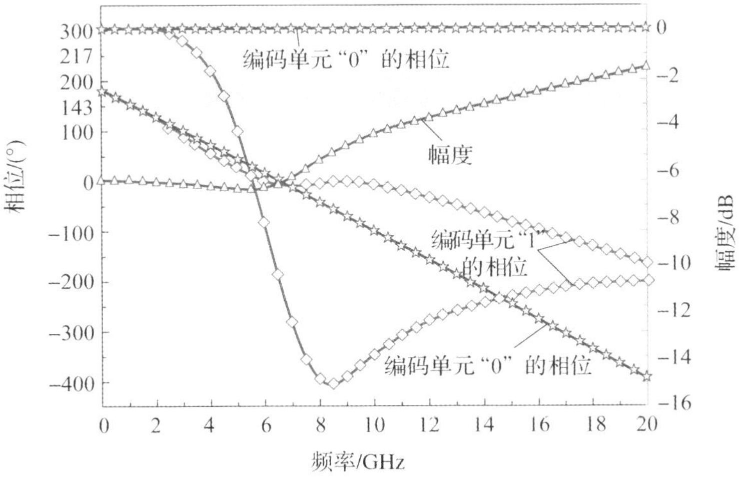

图 6－4 编码单元“1”和“0”的反射幅度和相位

由式（5－2）可以计算得到对应编码序列下的对称性破缺超表面的远场辐射特性，结合式（6－1）即可得后向散射场分布。我们利用5.2节中提到的编码超表面编码序列优化方法，分别对传统编码超表面（$A_0=A_1=1$）和对称性破缺的编码超表面的编码序列进行优化，优化目标是后向散射尽可能小，最终所得最优编码序列如图6－5（b1）和（d1）所示，将金属板和周期性超表面吸波体，如图6－5（a1）和（c1）所示，作为对比计算了其远场电场分布，结果如图6－5所示。从图中可以看出通过和金属板的对比，无论是传统编码超表面还是周期性超表面吸波体，由于散射或吸收作用均可实现后向RCS的缩减。周期性超表面吸波体出现对称性破缺后，其远场方向性得到改善使后向RCS进一步得到缩减。这种对称性破缺在超表面吸波体的应用中具有潜在价值，换言之即便是超表面吸波体在使用过程中出现部分结构单元老化失效或脱落，在一定条件下其RCS缩减性能并不一定变差甚至可以得到改善，这种思想可以用于指导超表面吸波体的设计和后期使用维护。

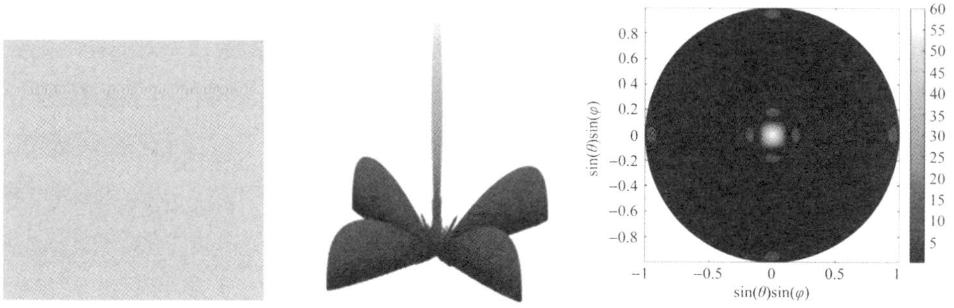

(a1)　(a2)　(a3)

1	1	1	0	1	1	0	1
1	1	0	1	0	1	0	1
0	1	1	1	0	0	1	0
1	0	0	1	1	1	0	0
1	0	0	0	1	0	0	0
0	1	0	1	1	0	0	0
1	0	0	0	0	0	0	0
1	1	1	1	1	1	0	1

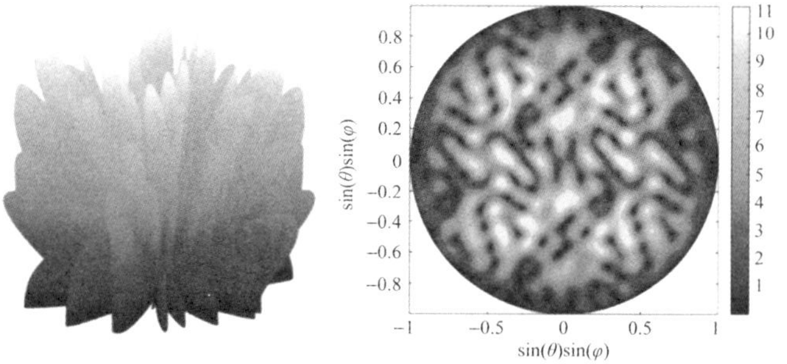

(b1)　(b2)　(b3)

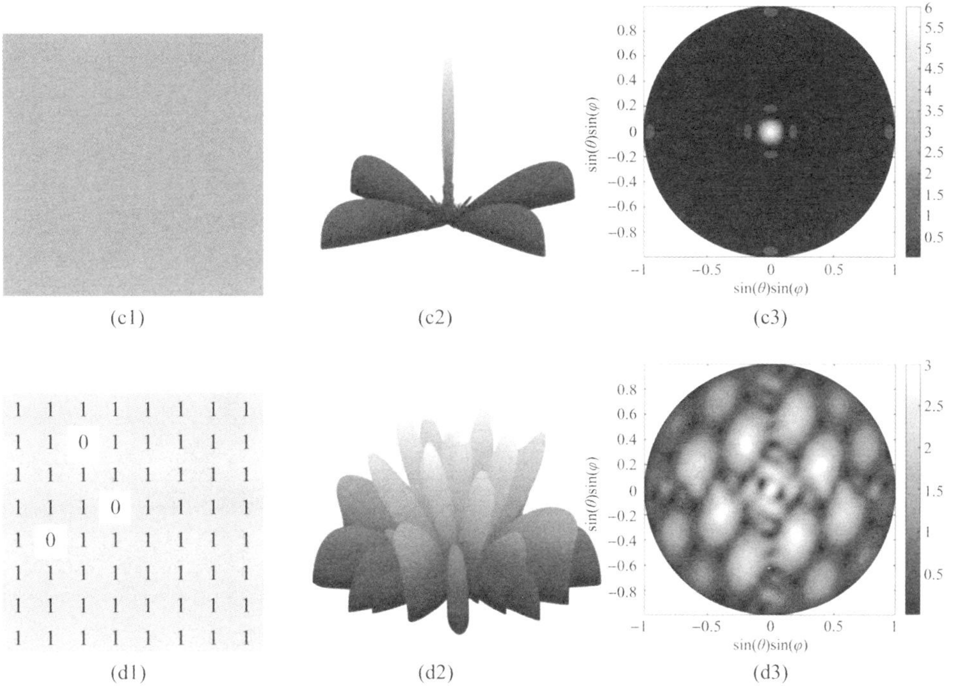

图 6－5　编码示意图及计算结果

（a1）、（b1）、（c1）、（d1）为金属板、传统编码超表面、

超表面吸波体和对称性破缺的编码超表面结构和编码示意图；

（a2）、（b2）、（c2）、（d2）其对应的远场 RCS 三维图；

（a3）、（b3）、（c3）、（d3）其对应的远场 RCS 极坐标图。

为验证上述对称性破缺所带来的 RCS 缩减效果，利用 CST 仿真了金属板、周期性超表面吸波体和对称性破缺的编码超表面后向双站 RCS，结果如图 6－6 所示。从图中对比不难看出，超表面吸波体相较于金属板，其吸收特性导致后向 RCS 缩减超过 10dBm^2，而引入对称破缺后的编码超表面相较于周期性超表面吸波体，在吸收的基础上又增加了散射效应后向 RCS 得到进一步缩减，在 18GHz 处缩减 2dBm^2。进而我们仿真了全频率范围内的后向 RCS，如图 6－7 所示，引入对称性破缺后其 RCS 缩减效果得到进一步提高，低频 RCS 缩减效果略有升高的主要原因是低频段编码单元之间的相位差较小。

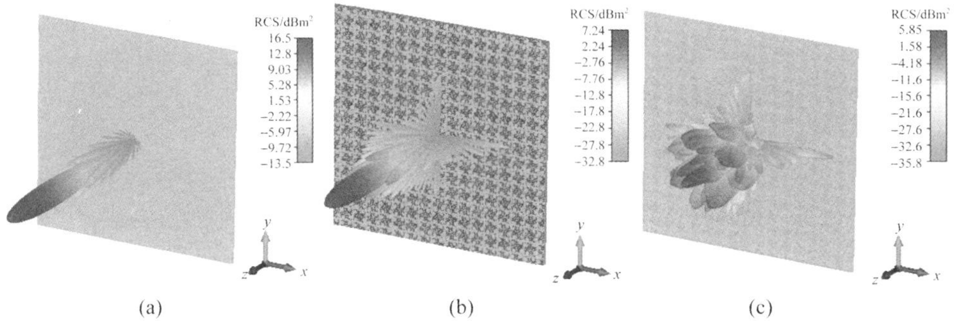

图 6－6 全波仿真半空间后向散射 RCS

(a) 金属板；(b) 周期性超表面吸波体；(c) 对称性破缺编码超表面。

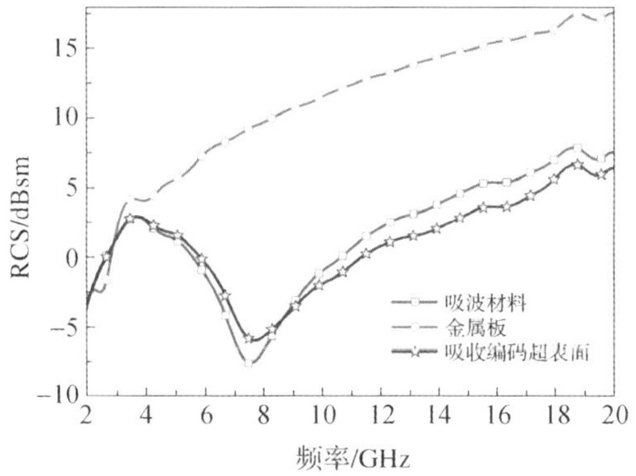

图 6－7 全频率段后向 RCS 仿真结果对比图

6.2.3 实验验证

为进一步验证上述对称性破缺所带来的 RCS 缩减效果，我们首先利用丝网印刷技术制备了周期性排布的超表面吸波体，进而将对应破缺位置进行裁剪形成对称性破缺的编码超表面，样品尺寸为 180mm×180mm，基板采用聚氨酯泡沫如图 6－8 所示。在微波暗室中测量了对称性破缺编码超表面的后向 RCS，在 10GHz 对比了金属板、周期性超表面吸波体和对称性破缺编码超表面 $\varphi=0°$ 和 $\varphi=90°$ 时后向散射 RCS，如图 6－9 所示。从图中可以清晰地看出，无论是超表面吸波体还是引入对称破缺的编码超表面都实现了后向 RCS 的缩减，其中对称性破缺的编码超表面在 $\theta\leqslant25°$ 范围内后向 RCS 缩减效果优于超表面吸波体，而当 $\theta>25°$ 时散射效应导致后向 RCS 略有升高。

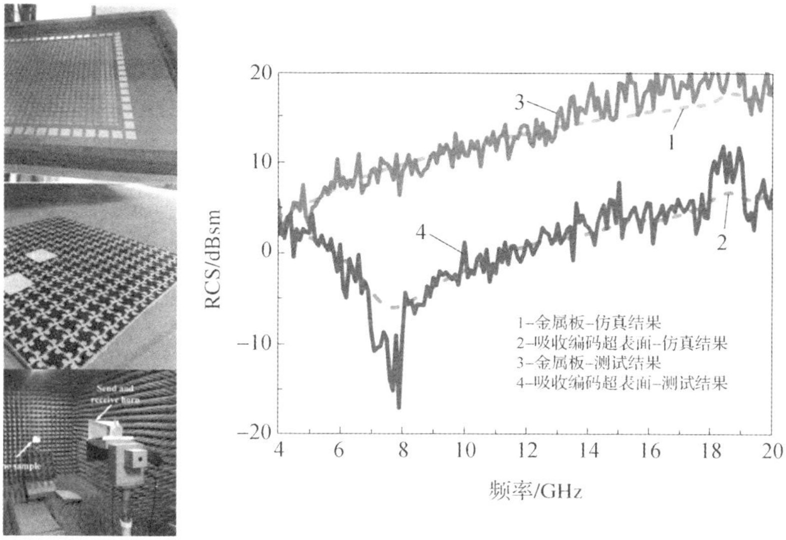

图 6－8　丝网印刷技术及其制备的实验样品、测试环境照片和后向 RCS 测试结果

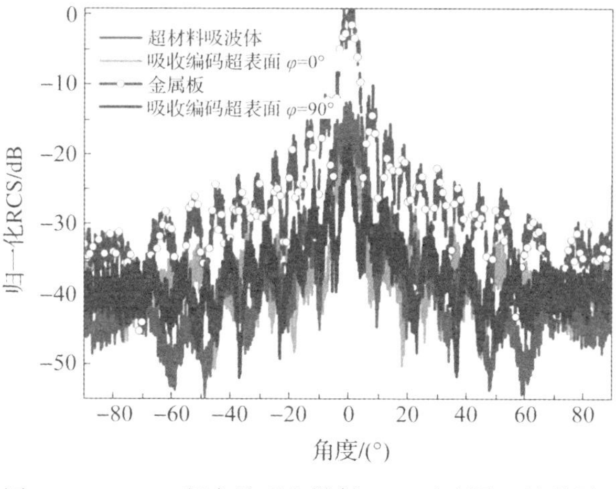

图 6－9　10GHz 频点处后向散射 RCS 对比图（见彩图）

6.3　基于吸波和散射复合机理的低 RCS 超表面综合拓扑优化设计

前面我们分析了超表面吸波体通过引入对称性破缺实现性能上的改进，从一定程度上说明将吸波和散射两种不同的机理可以进行综合设计的可能性。吸

波和散射两种机理是如何复合的？如何利用这种复合机理设计实现低 RCS 超表面？从这两个疑问出发本节分析了编码单元反射幅度和相位对 RCS 缩减的影响。针对吸波材料对反射幅度的调控特性理论，分析了不同吸波材料之间产生相位差的可能性，进而利用编码超表面设计思路结合拓扑优化设计理论，提出了基于吸波和散射复合机理的低 RCS 超表面综合拓扑优化设计方法。这种复合机理的设计思路能够有效综合不同 RCS 缩减手段的优势并结合拓扑优化设计，可以快速设计出满足个性化需求的低 RCS 超表面，设计实现了一种编码超表面，可实现 9～23.9GHz 频带内后向 RCS 缩减 10dB 以上效果，通过实验验证了设计方法的可行性。

6.3.1 工作原理

在 RCS 缩减的现行手段中完美吸波材料和散射对消均可实现后向电磁波的完整调控。首先，我们从编码超表面对反射电磁波的调控入手，由前面章节中编码超表面工作原理分析可知，利用式（5-10）和式（5-15）可得反射电磁波远场 RCS 缩减值可表示为 $\sigma_r = 10\lg|(1-\alpha)A_1 + \alpha A_0 e^{j\Delta\phi}|^2$，其中 $\Delta\phi$ 为编码单元之间的相位差（$\Delta\phi = \phi_0 - \phi_1$），$\alpha$ 为编码单元“0”的占空比。当编码超表面的编码单元都是由吸波材料组成即编码单元的反射幅度较小，以 90% 吸收率为例编码单元反射幅度为 $A_0 = A_1 = 0.1$，通过数值计算可得编码超表面后向 RCS 缩减与占空比和相位差的关系图如图 6-10 所示。从图中可以看出调节编码单元之间的占空比或/和相位差，即可实现后向 RCS 的调控。当占空比满足 $\alpha = 0$ 或 $\alpha = 1$ 时编码超表面退化为单纯的周期性超表面吸波体；当编码单元结构确定后，即编码单元之间的相位差为固定值时仍可通过改变编码单元的占空比实现后向 RCS 调控；当 $\alpha = 0.5$，$\Delta\phi = 180°$ 时反射电磁波后向（$\theta = 0$）RCS 缩减达到最大，反射电磁波被吸收和散射到半空间其他方向，理论上此时吸收性能和散射性能都被发挥到各自的最大限度，这也正是我们所追求的。

那么是否存在满足较低吸收率的同时还可对反射相位进行调控，即实现一定的相位差这样的吸波材料呢？我们利用典型的吸波材料——Salisbury 吸波屏结合等效电路理论进行分析说明。如图 6-11（a）所示的 Salisbury 吸波屏结构在厚度为 $\lambda/4$ 的 FR4 介质基板上加载阻抗型表面，当电磁波入射时由于发

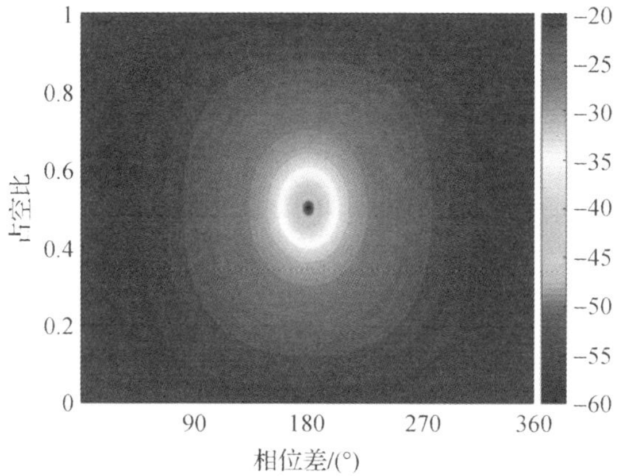

图 6－10　编码单元占空比及其相位差对编码超表面后向 RCS 缩减的影响

生厚度谐振可以实现反射电磁波的完美吸收。通过等效电路模型分析 Salisbury 吸波屏，如图 6－11（b）所示金属背板的存在导致透射 $T(\omega)=|S_{21}|^2=0$，此时反射系数为

$$R(\omega)=|S_{11}|^2=\left[\frac{Z_{in}-Z_0}{Z_{in}+Z_0}\right]^2 \tag{6-2}$$

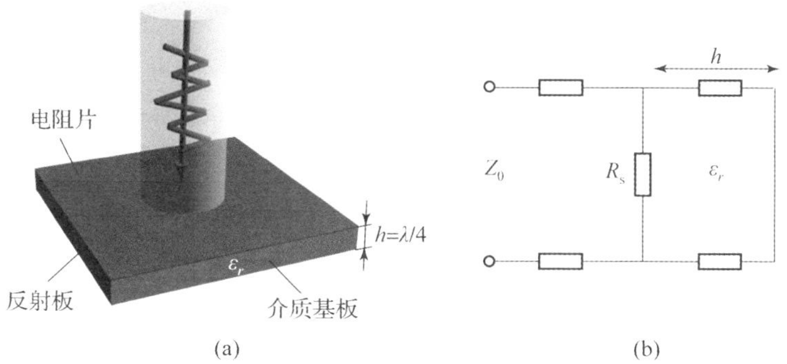

图 6－11　Salisbury 吸波屏结构示意图和其对应的等效电路

（a）Salisbury 吸波屏结构；（b）等效电路。

式中：Z_{in} 为等效电路输入阻抗；Z_0 为自由空间波阻抗，假定 $S_{11}=Ae^{j\phi}$ 和 $Z_0=1$，计算可得输入阻抗为

$$Z_{in}=\pm\frac{1+S_{11}}{1-S_{11}}=\pm\frac{1-A^2+j2A\sin\phi}{1+A^2-2A\cos\phi} \tag{6-3}$$

利用 MATALB 模拟对应输入阻抗实部 Re(Z) 和虚部 Im(Z) 所能产生的反

射幅度和相移之间的关系如图6-12所示。从图中可以看出，当反射电磁波幅度满足条件时，相移足够小，也就是所描述的反射电磁波幅度和相移是一对天生的矛盾，若要实现较低反射幅度则反射相移变化范围较小，反之成立。如要实现反射幅度减小-10dB则能够覆盖的相位为[-90°,90°]。

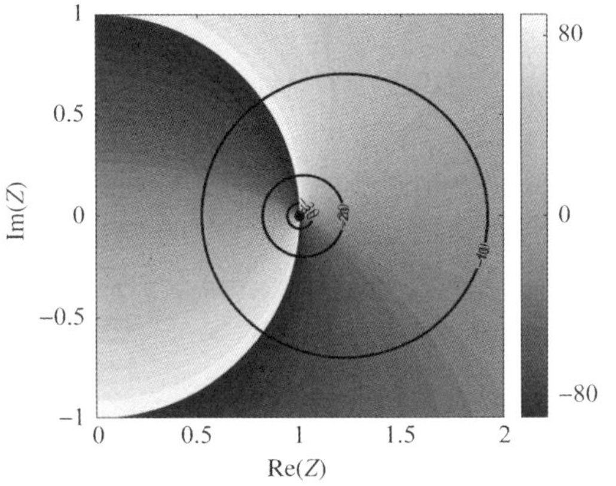

图6-12　Salisbury吸波材料输入阻抗实部和虚部所对应的反射电磁波幅度和相移数值计算结果

由前面编码超表面的分析可知，当$\alpha=0.5$，$\Delta\phi=180°$时反射电磁波后向($\theta=0°$)RCS缩减达到最大；当反射电磁幅度为-10dB时能保证编码单元之间的相位差为180°。通过对Salisbury吸波材料的厚度扫参可得，当$h=3.8$和$h=3.41$时这两种Salisbury吸波屏的反射相位差在10GHz处可达到180°，此时两者反射幅度均为-20dB，如图6-13所示。至此，吸波材料能够实现在低反射（高吸收率）率的同时满足180°相位差得到证明。因此，我们可以将两种不同厚度的Salisbury吸波屏作为编码超表面中的编码单元“0”和“1”。根据1bit编码超表面的编码规则，我们以8×8的编码单元（240mm×240mm）为例，仿真对比了Salisbury吸波屏、棋盘编码超表面和随机序列的编码超表面的反射场远场RCS，如图6-14所示。在10GHz处如图6-15所示将金属板、Salisbury吸波屏、棋盘结构编码超表面和随机序列编码超表面的归一化后向RCS对比，相较于金属板，Salisbury吸波屏和编码超表面均可实现后向RCS的缩减，缩减效果明显且基于复合机理的编码超表面缩减效果优于Salisbury吸波屏。另外，由于棋盘结构和随机序列编码超表面具有相同的占空比后向

($\theta=0°$) RCS 相等。从以上仿真结果不难看出，基于复合机理设计的编码超表面在后向 RCS 缩减方面是可行的，不仅优于传统编码超表面和吸波材料还为 RCS 缩减提供了灵活的设计自由度。

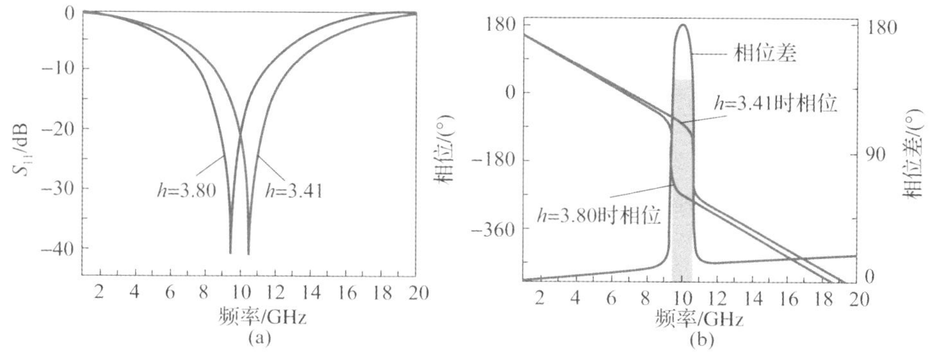

图 6－13　编码单元“0”和“1”的反射幅度和反射相位（见彩图）

（a）反射幅度；（b）反射相位。

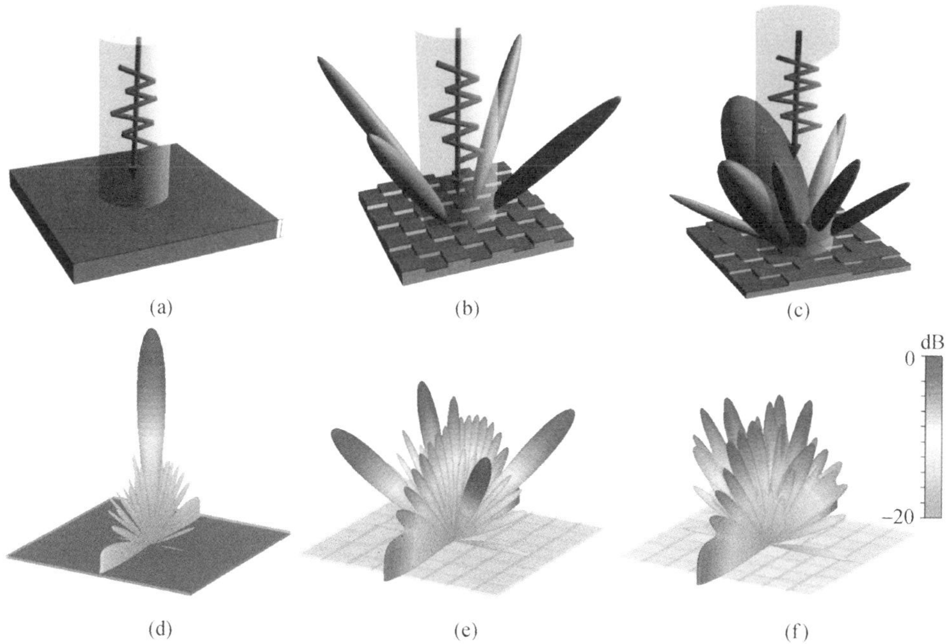

图 6－14　结构示意图

（a）Salisbury 吸波屏；（b）棋盘结构编码超表面；

（c）随机序列编码超表面；（d）、（e）、（f）对应结构的全波仿真的后向 RCS 三维图。

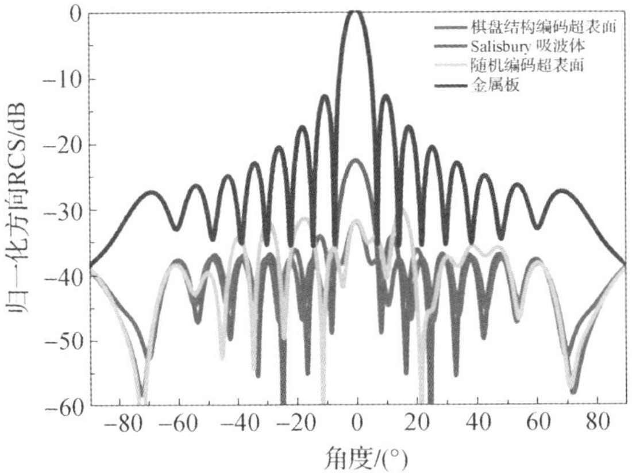

图 6－15　$\varphi=0$ 时归一化后向 RCS 对比图（见彩图）

6.3.2　仿真结果与分析

上面的分析解决了吸波和散射复合机理实现可行性问题，如何才能设计实现基于复合机理的编码超表面并将其应用于 RCS 缩减呢？为此我们给出了一种利用拓扑优化设计方法实现复合机理编码超表面设计的综合方法。

我们采用第 4 章中提到的超表面吸波体拓扑优化方法对编码单元进行设计。首先我们采用中心轴对称的拓扑构型，如图 6－16 所示单元表面被划分成 20×20 个拓扑编码区域，介质基板为厚度 h 的 F4B（$\varepsilon_r=2.65(1+0.001j)$），背面是厚度为 $\mathrm{ft}=0.017\mathrm{mm}$ 的金属背板。

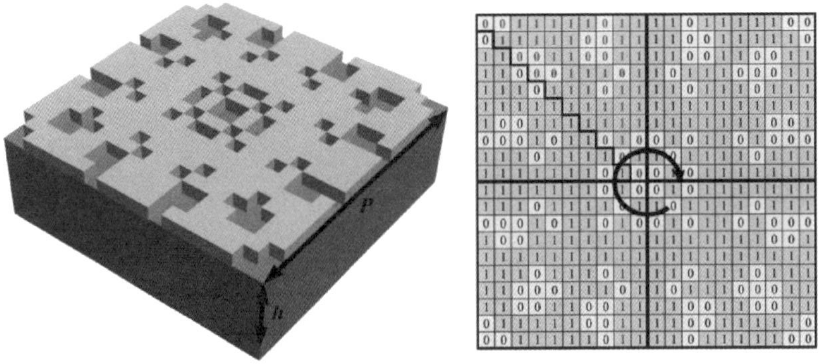

图 6－16　拓扑结构及拓扑编码示意图

然后，我们采用综合优化的方式将两种编码单元拓扑构型的优化和编码序列（占空比）的优化进行综合考虑，利用 GA 最终实现反射电磁波后向低 RCS 的宽频带设计要求。优化目标函数定义为 fitness = max($|\sigma_r|$)，即保证后向散射 RCS 在半空间内均匀分布的同时尽可能实现缩减，优化过程详见流程图6－17。

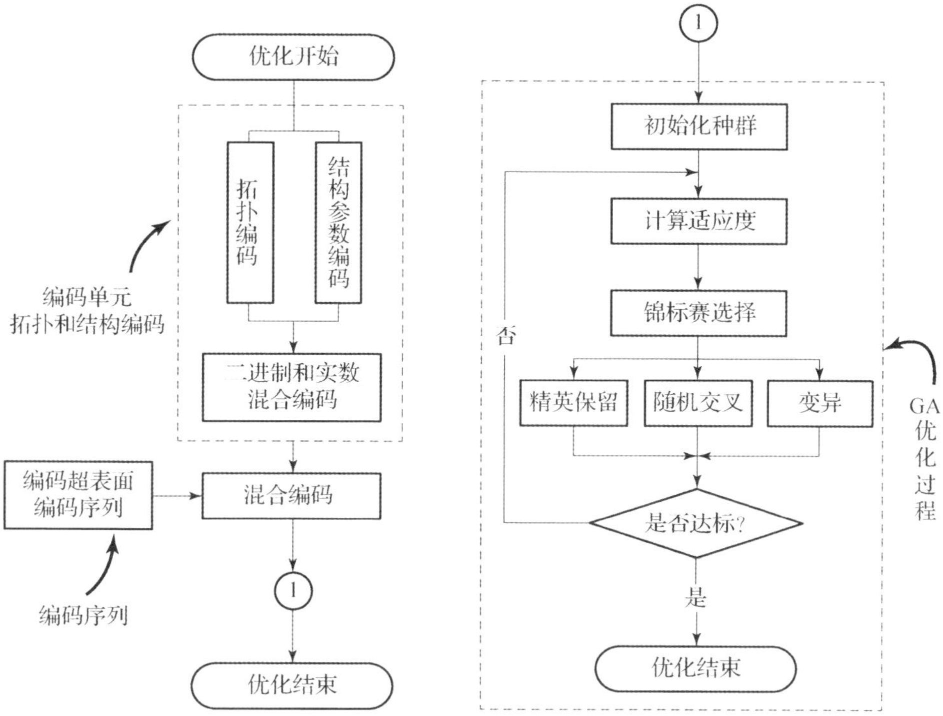

图 6－17　基于复合机理的编码超表面综合拓扑优化设计流程图

经过优化得到两种编码单元结构，如图 6－18（a）~（d）所示，其中编码单元的结构和材料参数见表 6－1。两种编码单元采用电阻膜结构实现编码单元“0”和“1”优化，所得电阻膜方阻分别为 150Ω/块和 6Ω/块。优化所得的编码超表面如图 6－18（e）所示，其中编码单元“1”占空比为 34/64。利用 CST 对编码单元传输特性进行仿真，编码单元反射幅度和相位结果如图 6－19 所示，编码单元“0”和“1”在不同频段均具有一定的吸波性能。

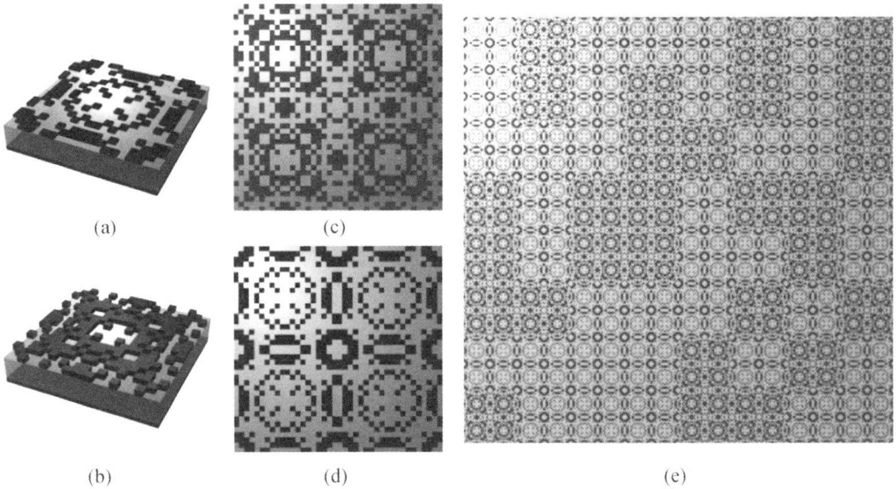

图 6-18　优化后的结构单元示意图

（a）和（b）分别是优化后编码单元“0”和“1”的结构示意图；
（c）和（d）分别是编码单元“0”和“1”的结构示意图；（e）优化所得编码超表面。

表 6-1　优化后编码单元参数

名称	值
P	10mm
h	2mm
编码单元“0”方阻	150Ω/块
编码单元“1”方阻	6Ω/块

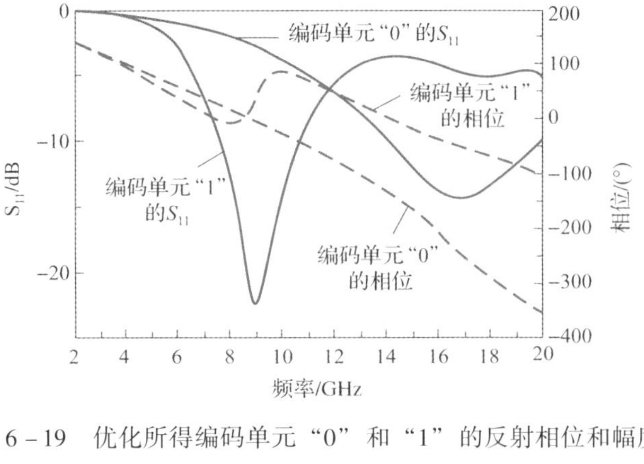

图 6-19　优化所得编码单元“0”和“1”的反射相位和幅度

然后，利用 CST 进行全波仿真计算了优化所得基于复合机理的编码超表面的后向 RCS。图 6－20 给出了编码超表面和金属板分别在 12GHz、15GHz、18GHz 和 20GHz 处的三维远场图。通过对比发现，在吸波和散射的共同作用下编码超表面后向 RCS 得到明显缩减。之后我们对 2～24GHz 频段内的编码超表面后向 RCS 进行仿真，如图 6－21 所示在 9～23.9GHz 频带内所设计的编码超表面可实现大于 10dB 的后向 RCS 缩减效果。

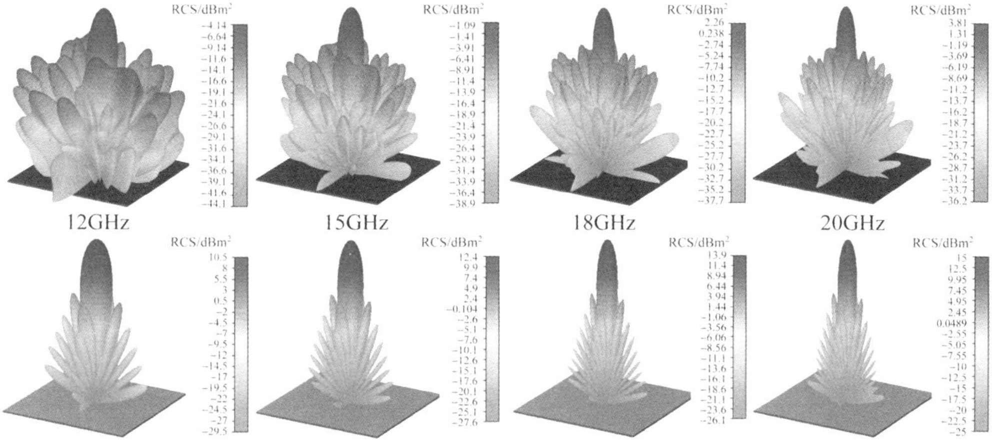

图 6－20　编码超表面和金属板分别在 12GHz、15GHz、18GHz 和 20GHz 处的三维远场图

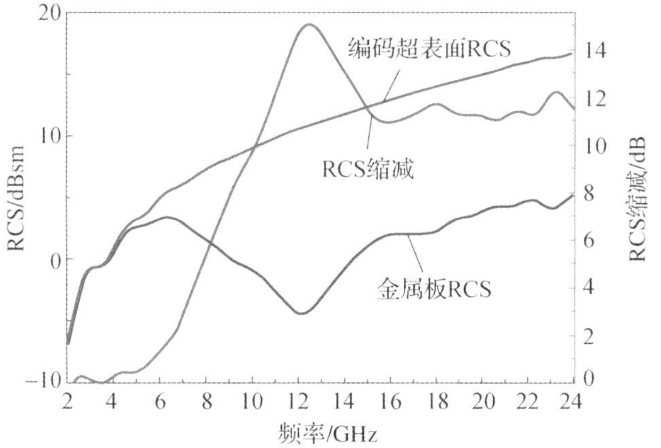

图 6－21　优化所得编码超表面与金属板后向 RCS 对比图

为进一步说明该复合机理编码超表面的低 RCS 特性，我们仿真了不同入射角度下的后向 RCS，结果如图 6－22 所示，随着入射角度的增大复合机理编

码超表面在发挥散射和吸收性能的前提下产生一定程度镜面反射从而降低法向 RCS。

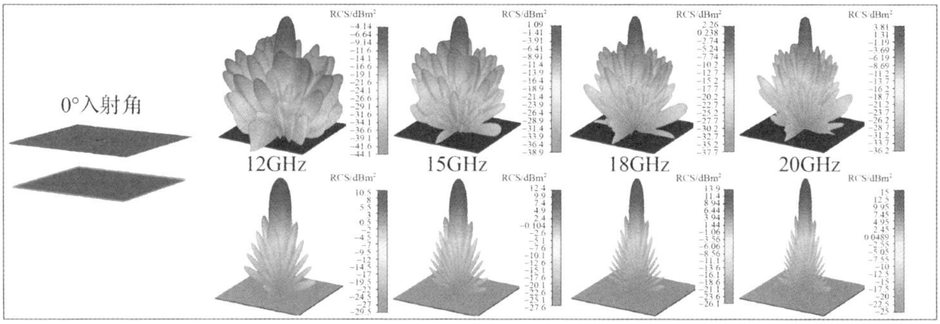

(a)

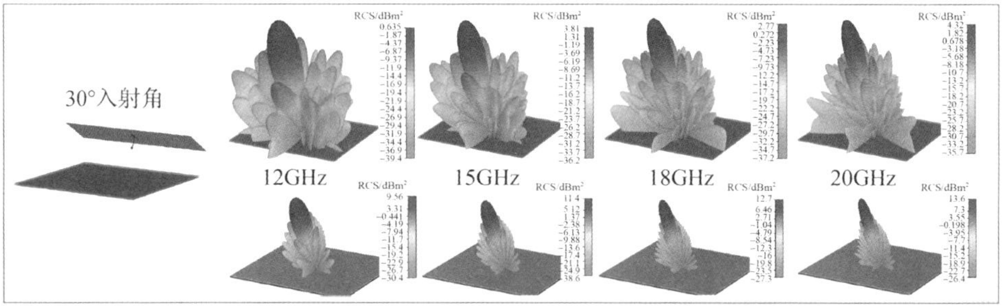

(b)

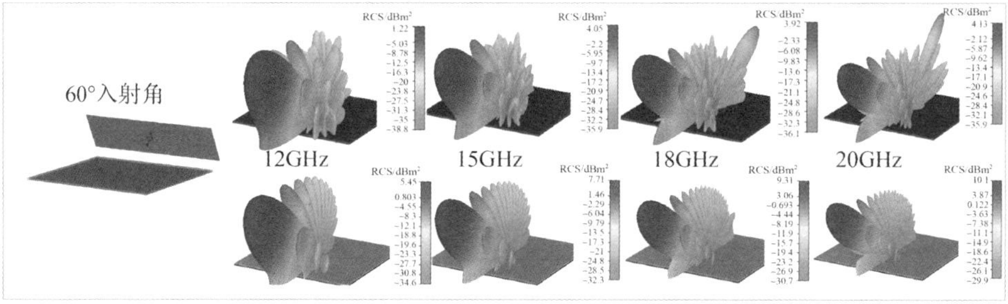

(c)

图 6-22　不同入射角度下后向 RCS 仿真结果

(a) 0°；(b) 30°；(c) 60°。

6.3.3　实验验证

为进一步验证所提出的基于吸波和散射复合机理的编码超表面综合拓扑优化设计方法的可行性，采用丝网印刷技术印制了相应方阻和拓扑结构的电阻膜，并使用环氧胶将其贴附在 F4B 基板上，样品尺寸为 160mm × 160mm，如图 6 – 23（a）所示，然后在微波暗室中对实验样品的后向 RCS 进行测试并与等大的金属板进行对比，得到宽频内的后向 RCS 缩减效果如图 6 – 23（c）所示。测试结果与仿真结果吻合较好，可实现 9.0 ~ 23.9GHz 频段内超过 10dB 的后向 RCS 缩减效果。

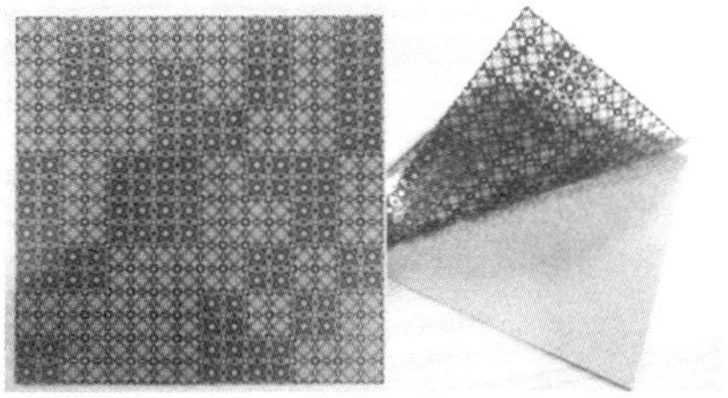

(a)

(b)

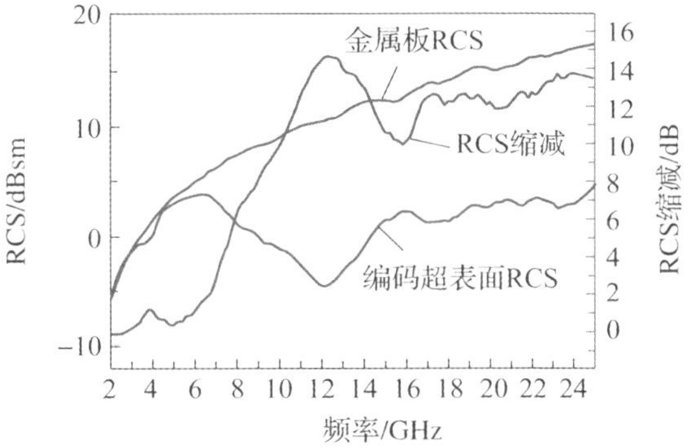

(c)

图 6 – 23　样品、测试及照片测试结果

（a）采用丝网印刷制备的实验样品实物照片；（b）微波暗室测试环境；（c）编码超表面和金属板后向 RCS 测试结果。

6.4　光学透明低 RCS 超表面优化设计

前面的小节我们分析了基于吸波和散射复合机理的编码超表面综合拓扑优化设计方法的工作原理，并将其应用于缩减 RCS 超表面中，取得了满意的效果。随着技术的发展，一些应用场景如透明电磁屏蔽窗、太阳能电池板和军事领域透明电磁窗口等，不仅要求其具有一定的电磁反射/透射特性，还要求其具有一定的透光特性以此来满足采光、便于观察等实际需求。在一些军事设施中如飞机座舱盖、装甲车前挡风玻璃等，要求在保证透光性的前提下降低目标RCS，从而提高武器装备战场生存能力，显然这些要求都对低RCS表面的设计提出了新的要求。本节我们利用铟锡氧化膜的阻抗特性和透光性并结合编码超表面设计方法，设计实现了一种基于吸波和散射复合机理的低RCS超表面，能够实现6.2 ~20.8GHz 频段内后向 RCS 缩减大于 10dB，同时在波长 380 ~780nm 光频段内平均透光率达到 79.5% 左右。

6.4.1 工作原理和编码单元设计

由 6.3 节的分析可知为获得宽带后向 RCS 缩减效果，可将具有吸波性能的单元结构引入编码超表面的设计中，结合拓扑优化设计方法，可以综合快速地设计出满足条件的编码超表面结构及其排布，但之前所采用的电阻膜吸波体和介质基材透光性较差均无法满足透光率要求，这就需要我们寻找新的材料体系。

常见的具有良好透光性的材料有玻璃、聚甲基丙烯酸甲酯（PMMA，又称亚克力）、聚对苯二甲酸类塑料（PET）等，一般性能 PET 树脂为乳白色半透明或无色透明体，相对密度为 $1.38g/cm^3$，透光率为 90%；PMMA 是目前最优良的高分子透明材料，密度是 $1.15 \sim 1.19g/cm^3$，是玻璃（$2.40 \sim 2.80g/cm^3$）的一半，透光率可达 92%，比玻璃的透光度高是平常经常使用的玻璃替代材料，另外由于其高透明度低价格易于机械加工等优点被广泛应用于生产生活中。因此，我们选用 PMMA 作为编码超表面的介质基板。

在超表面吸波体的设计中需用到具有一定电导率的薄膜，如常见的电阻膜，除此之外为满足透光性的要求需要使用透明导电薄膜进行编码超表面的设计。顾名思义，透明导电薄膜是一种既能导电又能在可见光范围内实现高透光率的一种薄膜：主要有超薄金属膜、氧化物薄膜、导电聚合物、金属栅格、碳纳米管、石墨烯等，其中铟锡氧化物（ITO）薄膜作为透明导电薄膜的典型代表可通过磁控溅射、化学腐蚀和激光刻蚀等方法制备不同形状的单元结构，其导电率控制简单。因此，本节我们选择 ITO 薄膜用于制备编码超表面。

我们采用 6.3 节中提出的基于吸波和散射复合机理的编码超表面拓扑优化综合设计方法对编码单元进行设计。首先我们采用中心轴对称的拓扑构型，如

图 6－24 所示，单元表面被划分成 20×20 个拓扑编码区域，介质基板为厚度 h 的 PMMA（$\varepsilon_r = 2.25(1+0.001j)$）背面是完整的低电阻率 ITO 薄膜，类比金属背板充当反射背板。

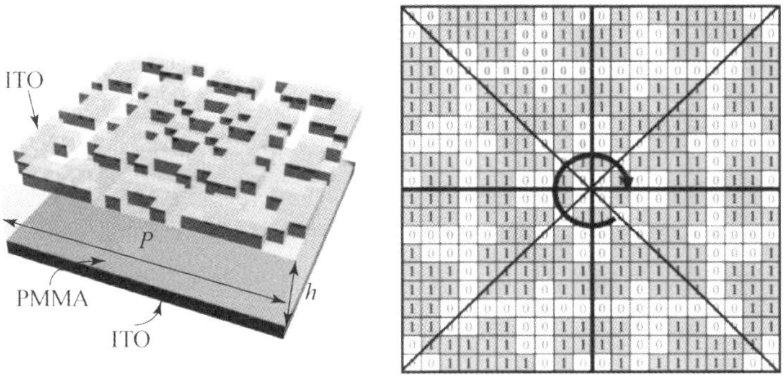

(a)　　(b)

图 6－24　拓扑结构及拓扑编码示意图和对应编码

（a）拓扑结构及拓扑编码；（b）对应编码。

然后，我们采用综合优化的方式将两种编码单元拓扑构型的优化和编码序列（占空比）的优化进行综合，在保证后向散射 RCS 在半空间内均匀分布的同时，尽可能增大后向 RCS 缩减，优化过程详见流程图 6－17。

6.4.2　仿真结果与分析

经过优化得到两种编码单元结构，如图 6－22（a）～（d）所示，单元尺寸为 $P = 7.8\text{mm}$，$h = 3\text{mm}$ 两种编码单元结构，采用 ITO 导电薄膜实现编码单元“0”和“1”优化，所得方阻分别为 150Ω/块和 6Ω/块；利用 CST 对编码单元传输特性进行仿真，编码单元反射幅度和相位结果如图 6－25（e）～（f）所示，编码单元“0”和“1”在不同频段均具有一定的吸波性能和相位差。

(a)　　(b)　　(c)

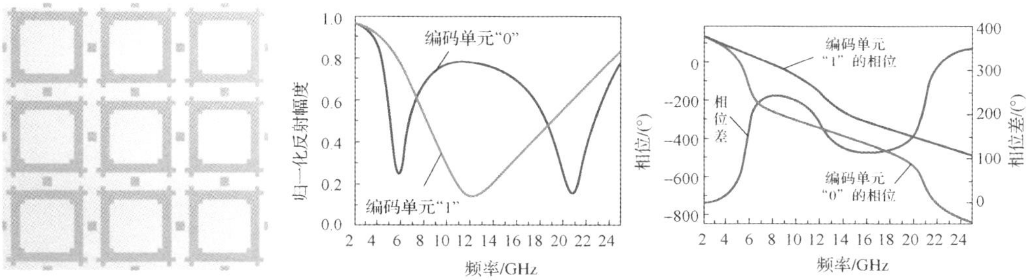

(d) (e) (f)

图 6-25 结构示意图及结果

(a)、(c) 分别为优化后超表面吸波体单元结构示意图；

(b)、(d) 为编码单元"0"和"1"结构示意图；

(e)、(f) 分别为两种编码单元的反射幅度和相位。

优化所得的编码超表面单元"0"和"1"的占空比分别为 52.3% 和 47.7%，通过优化所得的编码超表面序列排布如图 6-26（a）所示，计算可得对应的后向归一化反射率如图 6-26（b）所示。

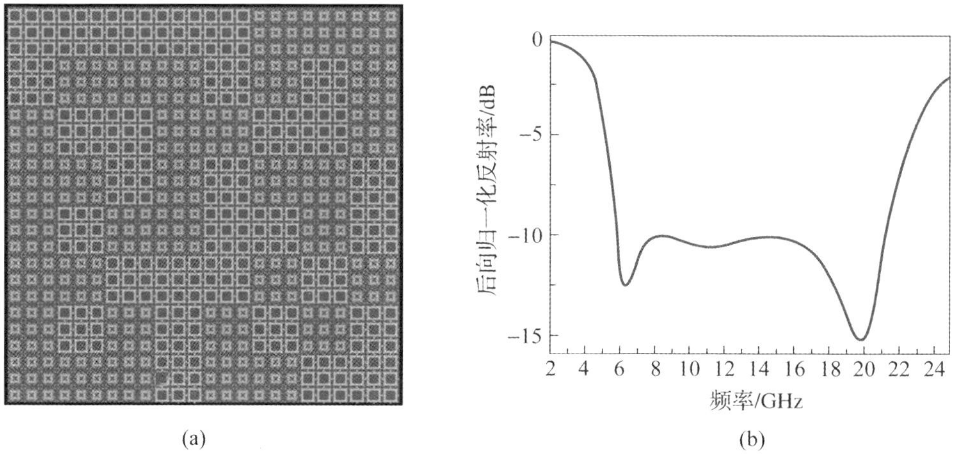

(a) (b)

图 6-26 结构示意图及结果

(a) 最优化编码序列对应的编码超表面结构示意图；

(b) 后向归一化反射率数值计算结果。

为验证上述设计方法利用 CST 全波仿真分别计算了 10GHz、15GHz 和 19GHz 频点处优化的编码超表面、随机序列编码超表面和金属板的后向 RCS，如图 6－27 所示。从图中可以看出，无论是优化后的编码超表面，还是随机序列的编码超表面，相较于金属板后向 RCS 都得到明显缩减；由于优化后的编码超表面和随机序列编码超表面具有相同的占空比，两者后向散射方向性不尽相同，但反射电磁波法向 RCS 始终保持一致，进而仿真了三者宽频段范围内的反射电磁波法向 RCS，并对其进行归一化，如图 6－28（b）所示仿真结果与数值计算结果基本一致。

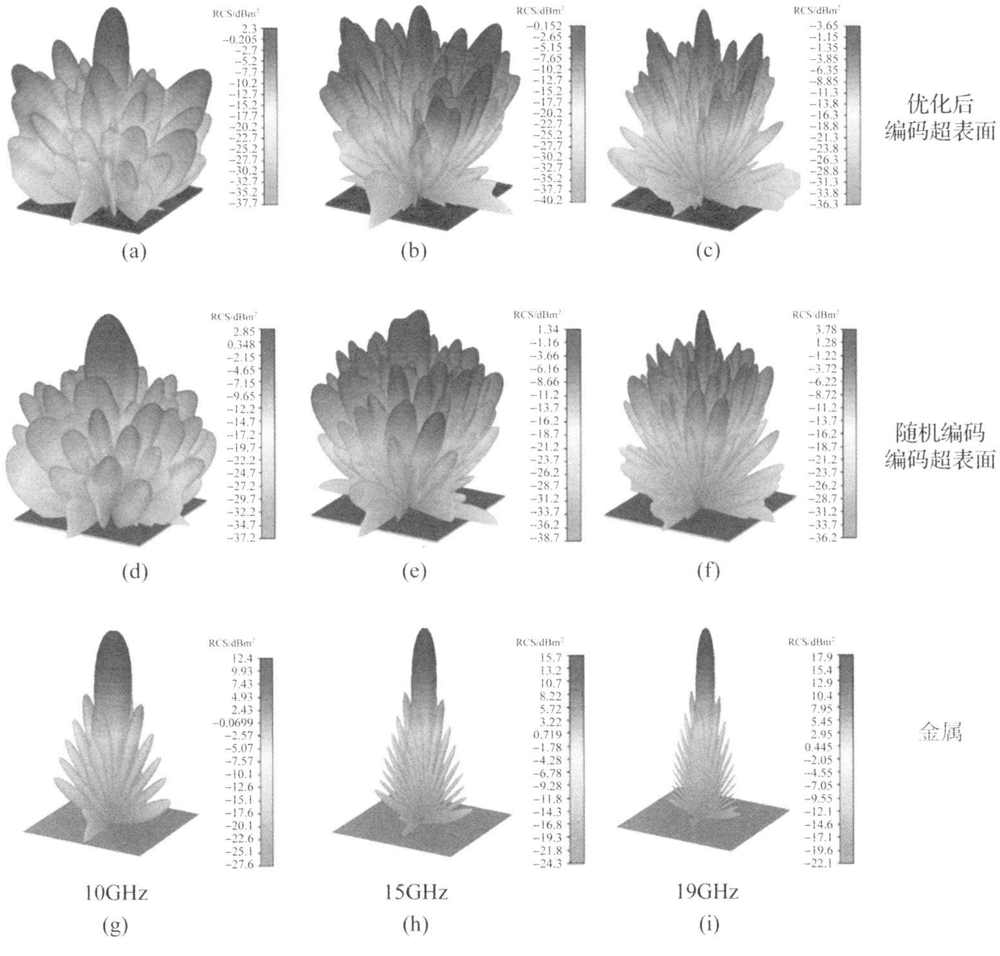

图 6－27　RCS 仿真结果

（a）～（c）优化后的编码超表面；（d）～（f）随机序列编码超表面；

（g）～（i）金属板分别在 10GHz、15GHz 和 19GHz 频点处的后向 RCS 仿真结果。

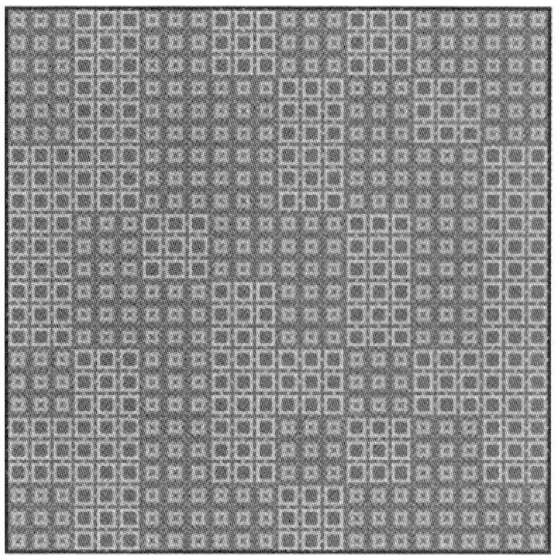

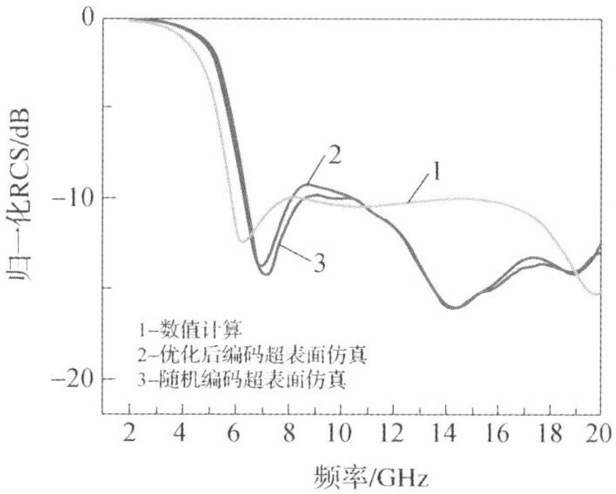

(a) (b)

图 6－28　结构及仿真结果

（a）具有和优化后编码超表面相同占空比的一种随机序列编码超表面结构示意图；

（b）反射电磁波法向归一化 RCS 仿真结果与数值计算结果。

为了更好地说明上述优化设计的编码超表面中吸波和散射的复合工作机理，我们分别计算了编码单元吸收和散射能量所占百分比，以此来说明吸波特性和散射特性在后向 RCS 缩减中所发挥作用的权重。式（6－4）为吸收、散射和反射能量的计算公式，各频率点的计算结果如图 6－29（a）所示，当反射较小时反射电磁波能量主要被吸收和散射，其中吸收占相对主要部分，吸收和散射能量占比基本维持在 2∶1 左右。通过对全频率段吸收、散射和反射能量的积分运算可得编码超表面在整个频段内不同机理发挥作用所占百分比，其中吸收占到 55% 而散射为 23% 。

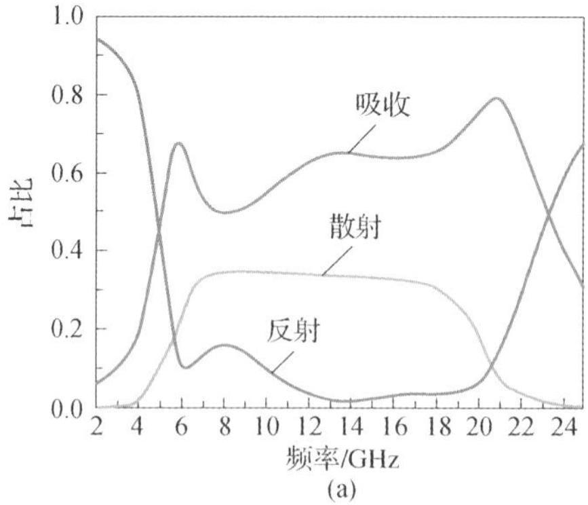

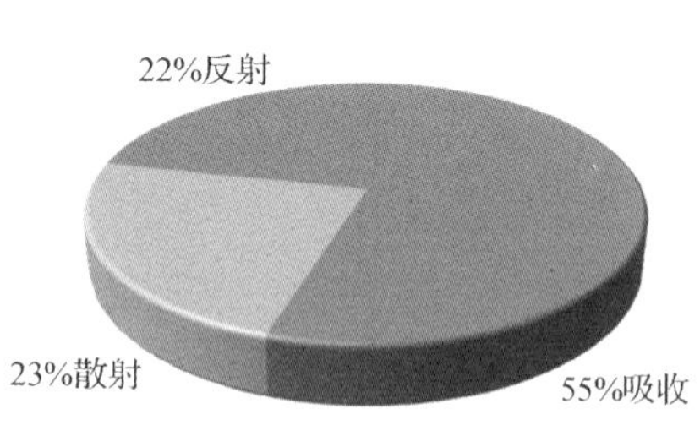

(a) (b)

图 6－29　仿真结果分析

（a）各频率点处计算所得吸收、散射和反射电磁波能量占比；

（b）全频段内不同机理发挥作用所占百分比。

$$
\text{percentage}(f)=\begin{cases}|\alpha\times A_1\exp(\mathrm{j}P_1)+(1-\alpha)\times A_0\exp(\mathrm{j}P_0)|^2 & \text{反射}\\ 1-|\alpha\times A_1+(1-\alpha)\times A_0|^2 & \text{吸收}\\ |\alpha\times A_1+(1-\alpha)\times A_0|^2- & \\ |\alpha\times A_1\exp(\mathrm{j}P_1)+(1-\alpha)\times A_0\exp(\mathrm{j}P_0)|^2 & \text{散射}\end{cases}\qquad(6-4)
$$

6.4.3　实验验证

为进一步验证上述宽带光学透明低 RCS 编码超表面的性能，在厚度仅为 0.175mm 的 PET 薄膜上，采用激光刻蚀技术制备了所设计的两种编码单元结构，组成的编码超表面 ITO 薄膜厚度约为 40nm，然后使用厚度约为 50μm 的光学透明胶将 PET 薄膜与 3mm 厚 PMMA 进行黏合，制备所得实验样品如图 6 - 30（a）所示，肉眼明显可见良好透光性。使用光谱测试仪（ocean optic，OFS - 2500）测量波长为 380 ~ 780nm 范围内的平均透光率，测量结果为 77% 略低于理论计算结果 79.5%，分析原因可能是制备过程增加了 PET 膜和光学透明胶。进而在微波暗室中测量了反射电磁波法向 RCS，如图 6 - 30（b）所示，6.2 ~ 20.8GHz 频段内后向 RCS 缩减均大于 10dB 与仿真结果吻合较好。

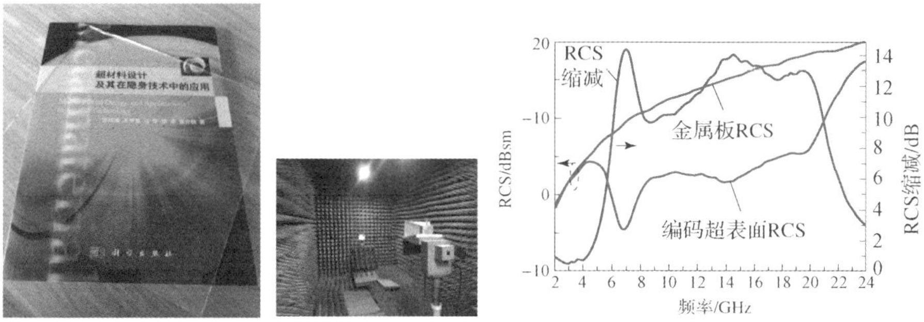

(a)　　(b)　　(c)

图 6 - 30　样品及测试

（a）放在书本上的样品实物照片；（b）后向 RCS 测试环境；（c）后向 RCS 测试结果。

6.5　小结

本章我们从如何实现宽带低 RCS 超表面入手研究了多机理 RCS 缩减综合和复合机理低 RCS 超表面的优化设计。通过对称性破缺超表面吸波体研究发现了当周期性超表面吸波体引入对称性破缺时会对原性能产生影响，根据编码超表面理论分析实现了利用对称性破缺改善原周期性超表面吸波体的后向 RCS 缩减性能；通过吸波和散射两种机理的复合研究，提出了一种基于吸收和散射复合机理的编码超表面综合拓扑优化设计方法，并将其应用于后向低 RCS 超表面设计中，其性能均优于传统超表面吸波体和编码超表面；针对一些应用场景的透光性需求并结合导电薄膜 ITO 的透光性，设计了一种具有光学透明特性的低 RCS 编码超表面。这种多机理复合降低 RCS 的手段可有效结合不同机理的优势，发挥各自长处结合拓扑优化设计方法满足相关工程化定制的需求。

参考文献

[1] J A 孔. 电磁波理论 [M]. 霍美瑜，译. 北京：人民教育出版社，1980.

[2] SMITH D R, PENDRY J B, WILTSHIRE M C K. Metamaterials and negative refractive index [J]. Science, 2004, 305 (5685): 788 – 792.

[3] ВЕСЕЛАГО В Г. Электродинамика веществ с одновременно отрицательными значениями ε и μ [J]. Успехи физических наук, 1967, 92 (7): 517 – 526.

[4] VESELAGO V G. The electrodynamics of substances with simultaneously negative values of ε and μ [J]. Soviet Physics Uspekhi, 1968, 10 (4): 509.

[5] PENDRY J B, HOLDEN A J, STEWART W J, et al. Extremely low frequency plasmons in metallic mesostructures [J]. PHYSICAL REVIEW LETTERS, 1996, 76 (25): 4773 – 4776.

[6] PENDRY J B, HOLDEN A J, ROBBINS D J, et al. Magnetism from conductors and enhanced nonlinear phenomena [J]. IEEE TRANSACTIONS ON MICROWAVE THEORY AND TECHNIQUES, 1999, 47 (11): 2075 – 2084.

[7] SMITH D R, PADILLA W J, VIER D C, et al. Composite medium with simultaneously negative permeability and permittivity [J]. PHYSICAL REVIEW LETTERS, 2000, 84 (18): 4184 – 4187.

[8] SHELBY R A, SMITH D R, SCHULTZ S. Experimental verification of a negative index of refraction [J]. Science, 2001, 292 (5514): 77 – 79.

[9] SCHURIG D, MOCK J J, JUSTICE B J, et al. Metamaterial electromagnetic cloak at microwave frequencies [J]. Science, 2006, 314 (5801): 977 – 980.

[10] ENGHETA N, ZIOLKOWSKI R W. Metamaterials: physics and engineering explorations [M]. Hoboken: John Wiley & Sons, 2006.

[11] CUI T J, SMITH D R, LIU R. Metamaterials [M]. New York: springer, 2010.

[12] DIEST K. Numerical methods for metamaterial design [M]. Dordrecht: Springer, 2013.

[13] YANG X, LI M, HOU Y, et al. Active perfect absorber based on planar anisotropic chiral metamaterials [J]. Optics Express, 2019, 27 (5): 6801 – 6814.

[14] WATTS C M, LIU X, PADILLA W J. Metamaterial electromagnetic wave absorbers [J]. Advanced materials, 2012, 24 (23): OP98 – OP120.

[15] 李雄，马晓亮，罗先刚. 超表面相位调控原理及应用 [J]. 光电工程，2017，44 (3)：255.

[16] VALENTINE J, ZHANG S, ZENTGRAF T, et al. Three – dimensional optical metamaterial

with a negative refractive index [J]. nature, 2008, 455 (7211): 376.

[17] ALÙ A, ENGHETA N. Achieving transparency with plasmonic and metamaterial coatings [J]. Physical Review E, 2005, 72 (1): 016623.

[18] 孙良奎，程海峰，周永江，等. 一种基于超材料的吸波材料的设计与制备 [J]. 物理学报，2011, 60 (10): 108901 – 108901.

[19] LANDY N I, SAJUYIGBE S, MOCK J J, et al. Perfect metamaterial absorber [J]. Physical review letters, 2008, 100 (20): 207402.

[20] 程用志，王莹，聂彦，等. 基于电阻型频率选择表面的低频宽带超材料吸波体的设计 [J]. 物理学报，2012, 61 (13): 134102 – 134102.

[21] 于相龙，周济. 智能超材料研究与进展 [J]. 材料工程，2016, 44 (7): 119 – 128.

[22] 周济. 超材料 (metamaterials): 超越材料性能的自然极限 [J]. 四川大学学报 (自然科学版), 2005, 42 (2): 15 – 16.

[23] 冯瑞华. 超材料研究文献计量分析 [J]. 材料报道，2009, 23 (4A): 66 – 71.

[24] 鲍迪，沈晓鹏，崔铁军. 太赫兹人工电磁媒质研究进展 [J]. 物理学报，2015, 64 (22): 228701 – 228701.

[25] CHEN H T, TAYLOR A J, YU N. A review of metasurfaces: physics and applications [J]. Reports on progress in physics, 2016, 79 (7): 076401.

[26] NI X, KILDISHEV A V, SHALAEV V M. Metasurface holograms for visible light [J]. Nature communications, 2013, 4: 2807.

[27] MA G, YANG M, XIAO S, et al. Acoustic metasurface with hybrid resonances [J]. Nature materials, 2014, 13 (9): 873.

[28] ZHU H L, CHEUNG S W, CHUNG K L, et al. Linear – to – circular polarization conversion using metasurface [J]. IEEE Transactions on Antennas and Propagation, 2013, 61 (9): 4615 – 4623.

[29] HADAD Y, SOUNAS D L, ALU A. Space – time gradient metasurfaces [J]. Physical Review B, 2015, 92 (10): 100304.

[30] MINATTI G, CAMINITA F, MARTINI E, et al. Synthesis of modulated – metasurface antennas with amplitude, phase, and polarization control [J]. IEEE Transactions on antennas and propagation, 2016, 64 (9): 3907 – 3919.

[31] LUO X G. Principles of electromagnetic waves in metasurfaces [J]. Science China Physics, Mechanics & Astronomy, 2015, 58 (9): 594201.

[32] LI X, XIAO S, CAI B, et al. Flat metasurfaces to focus electromagnetic waves in reflection geometry [J]. Optics letters, 2012, 37 (23): 4940 – 4942.

[33] ZHANG L, MEI S, HUANG K, et al. Advances in full control of electromagnetic waves with metasurfaces [J]. Advanced Optical Materials, 2016, 4 (6): 818 – 833.

[34] FALCONE F, LOPETEGI T, LASO M A G, et al. Babinet principle applied to the design of metasurfaces and metamaterials [J]. Physical review letters, 2004, 93 (19): 197401.

[35] LI Y B, WAN X, CAI B G, et al. Frequency – controls of electromagnetic multi – beam scanning by metasurfaces [J]. Scientific reports, 2014, 4: 6921.

[36] CHEN H, WANG J, MA H, et al. Ultra – wideband polarization conversion metasurfaces based on multiple plasmon resonances [J]. Journal of Applied Physics, 2014, 115 (15): 154504.

[37] KNOTT E F, SHAEFFER J F, TULEYM T. Radar Cross Section [M]. Raleigh: Sci Tech Pub, 2004.

[38] LI Y, ZHANG J, QU S, et al. Wideband radar cross section reduction using two – dimensional phase gradient metasurfaces [J]. Applied Physics Letters, 2014, 104 (22): 221110.

[39] ZHENG Q, LI Y, ZHANG J, et al. Wideband, wide – angle coding phase gradient metasurfaces based on Pancharatnam – Berry phase [J]. Scientific reports, 2017, 7: 43543.

[40] LI Y, ZHANG J, QU S, et al. Achieving wideband polarization – independent anomalous reflection for linearly polarized waves with dispersionless phase gradient metasurfaces [J]. Journal of Physics D: Applied Physics, 2014, 47 (42): 425103.

[41] WANG J, QU S, MA H, et al. High – efficiency spoof plasmon polariton coupler mediated by gradient metasurfaces [J]. Applied Physics Letters, 2012, 101 (20): 201104.

[42] LI Y, ZHANG J, QU S, et al. Broadband unidirectional cloaks based on flat metasurface focusing lenses [J]. Journal of Physics D: Applied Physics, 2015, 48 (33): 335101.

[43] GLYBOVSKI S B, TRETYAKOV S A, BELOV P A, et al. Metasurfaces: From microwaves to visible [J]. Physics reports, 2016, 634: 1 – 72.

[44] 孙树林，何琼，周磊. 电磁超表面 [J]. 物理，2015，44 (06): 366 – 376.

[45] 马凯. 基于电磁超表面的幅度与相位调控器件设计 [D]. 南京：东南大学，2015.

[46] KARIMI E, SCHULZ S A, DE LEON I, et al. Generating optical orbital angular momentum at visible wavelengths using a plasmonic metasurface [J]. Light: Science & Applications, 2014, 3 (5): e167.

[47] ZHAO J, LI B, CHEN Z N, et al. Redirection of sound waves using acoustic metasurface [J]. Applied Physics Letters, 2013, 103 (15): 151604.

[48] AKSELROD G M, HUANG J, HOANG T B, et al. Large – area metasurface perfect absorbers from visible to near – infrared [J]. Advanced Materials, 2015, 27 (48): 8028 – 8034.

[49] WANG Q, ZHANG X, XU Y, et al. A broadband metasurface – based terahertz flat – lens

array [J]. Advanced Optical Materials, 2015, 3 (6): 779 - 785.

[50] WANG K, ZHAO J, CHENG Q, et al. Broadband and broad - angle low - scattering metasurface based on hybrid optimization algorithm [J]. Scientific reports, 2014, 4: 5935.

[51] YANG Q, GU J, WANG D, et al. Efficient flat metasurface lens for terahertz imaging [J]. Optics express, 2014, 22 (21): 25931 - 25939.

[52] CHU C H, TSENG M L, CHEN J, et al. Active dielectric metasurface based on phase - change medium [J]. Laser & Photonics Reviews, 2016, 10 (6): 986 - 994.

[53] KARVOUNIS A, GHOLIPOUR B, MACDONALD K F, et al. All - dielectric phase - change reconfigurable metasurface [J]. Applied Physics Letters, 2016, 109 (5): 051103.

[54] YANG Y, JING L, ZHENG B, et al. Full - polarization 3D metasurface cloak with preserved amplitude and phase [J]. Advanced Materials, 2016, 28 (32): 6866 - 6871.

[55] YUE F, WEN D, XIN J, et al. Vector vortex beam generation with a single plasmonic metasurface [J]. ACS photonics, 2016, 3 (9): 1558 - 1563.

[56] PU M, CHEN P, WANG C, et al. Broadband anomalous reflection based on gradient low - Q meta - surface [J]. AIP advances, 2013, 3 (5): 052136.

[57] LI J, WANG W, XIE Y, et al. A sound absorbing metasurface with coupled resonators [J]. Applied Physics Letters, 2016, 109 (9): 091908.

[58] MARTINI E, MACI S. Metasurface transformation theory [M] //Transformation Electromagnetics and Metamaterials. London: Springer, 2014.

[59] ORAZBAYEV B, ESTAKHRI N M, BERUETE M, et al. Terahertz carpet cloak based on a ring resonator metasurface [J]. Physical Review B, 2015, 91 (19): 195444.

[60] YU S, LI L, SHI G, et al. Design, fabrication, and measurement of reflective metasurface for orbital angular momentum vortex wave in radio frequency domain [J]. Applied Physics Letters, 2016, 108 (12): 121903.

[61] GOLLUB J N, YURDUSEVEN O, TROFATTER K P, et al. Large metasurface aperture for millimeter wave computational imaging at the human - scale [J]. Scientific reports, 2017, 7: 42650.

[62] HOLLOWAY C L, KUESTER E F, GORDON J A, et al. An overview of the theory and applications of metasurfaces: The two - dimensional equivalents of metamaterials [J]. IEEE Antennas and Propagation Magazine, 2012, 54 (2): 10 - 35.

[63] HOLLOWAY C L, DIENSTFREY A, KUESTER E F, et al. A discussion on the interpretation and characterization of metafilms/metasurfaces: The two - dimensional equivalent of metamaterials [J]. Metamaterials, 2009, 3 (2): 100 - 112.

[64] SIEVENPIPER D, ZHANG L, BROAS R F J, et al. High – impedance electromagnetic surfaces with a forbidden frequency band [J]. IEEE Transactions on Microwave Theory and techniques, 1999, 47 (11): 2059 – 2074.

[65] COSTA F, MONORCHIO A, MANARA G. Analysis and design of ultra thin electromagnetic absorbers comprising resistively loaded high impedance surfaces [J]. IEEE Transactions on Antennas and Propagation, 2010, 58 (5): 1551 – 1558.

[66] BROAS R F J, SIEVENPIPER D F, YABLONOVITCH E. A high – impedance ground plane applied to a cellphone handset geometry [J]. IEEE Transactions on Microwave Theory and Techniques, 2001, 49 (7): 1262 – 1265.

[67] LEE Y J, YEO J, MITTRA R, et al. Design of a high – directivity Electromagnetic Band Gap (EBG) resonator antenna using a frequency – selective surface (FSS) superstrate [J]. Microwave and Optical Technology Letters, 2004, 43 (6): 462 – 467.

[68] MACI S, CAIAZZO M, CUCINI A, et al. A pole – zero matching method for EBG surfaces composed of a dipole FSS printed on a grounded dielectric slab [J]. IEEE Transactions on Antennas and Propagation, 2005, 53 (1): 70 – 81.

[69] MONORCHIO A, MANARA G, LANUZZA L. Synthesis of artificial magnetic conductors by using multilayered frequency selective surfaces [J]. IEEE Antennas and Wireless Propagation Letters, 2002, 1: 196 – 199.

[70] KUESTER E F, MOHAMED M A, PIKET – MAY M, et al. Averaged transition conditions for electromagnetic fields at a metafilm [J]. IEEE Transactions on Antennas and Propagation, 2003, 51 (10): 2641 – 2651.

[71] YU N, GENEVET P, KATS M A, et al. Light propagation with phase discontinuities: generalized laws of reflection and refraction [J]. science, 2011, 334 (6054): 333 – 337.

[72] ZHAO Y, ALÙ A. Manipulating light polarization with ultrathin plasmonic metasurfaces [J]. Physical Review B, 2011, 84 (20): 205428.

[73] SUN S L, HE Q, XIAO S Y, et al. Gradient – index meta – surfaces as a bridge linking propagating waves and surface waves [J]. Nat Mat, 2012, 11: 426 – 431

[74] CUI T J, QI M Q, WAN X, et al. Coding metamaterials, digital metamaterials and programmable metamaterials [J]. Light: Science & Applications, 2014, 3 (10): e218.

[75] DELLA GIOVAMPAOLA C, ENGHETA N. Digital metamaterials [J]. Nature materials, 2014, 13 (12): 1115.

[76] PAQUAY M, IRIARTE J C, EDERRA I, et al. Thin AMC structure for radar cross – section reduction [J]. IEEE Transactions on Antennas and Propagation, 2007, 55 (12):

3630 - 3638.

[77] CUI T J, LIU S, ZHANG L. Information metamaterials and metasurfaces [J]. Journal of Materials Chemistry C, 2017, 5 (15): 3644 - 3668.

[78] GAO L H, CHENG Q, YANG J, et al. Broadband diffusion of terahertz waves by multi - bit coding metasurfaces [J]. Light: Science & Applications, 2015, 4 (9): e324.

[79] CHEN K, FENG Y, YANG Z, et al. Geometric phase coded metasurface: from polarization dependent directive electromagnetic wave scattering to diffusion - like scattering [J]. Scientific Reports, 2016, 6: 35968.

[80] CUI T J, LIU S, LI L L. Information entropy of coding metasurface [J]. Light: Science & Applications, 2016, 5 (11): e16172.

[81] XIE B, TANG K, CHENG H, et al. Coding acoustic metasurfaces [J]. Advanced Materials, 2017, 29 (6): 1603507.

[82] CHEN K, CUI L, FENG Y, et al. Coding metasurface for broadband microwave scattering reduction with optical transparency [J]. Optics express, 2017, 25 (5): 5571 - 5579.

[83] SU P, ZHAO Y, JIA S, et al. An ultra - wideband and polarization - independent metasurface for RCS reduction [J]. Scientific reports, 2016, 6: 20387.

[84] LIU L, ZHANG X, KENNEY M, et al. Broadband metasurfaces with simultaneous control of phase and amplitude [J]. Advanced Materials, 2014, 26 (29): 5031 - 5036.

[85] 陈宝林. 最优化理论与算法 [M]. 北京：清华大学出版社有限公司, 2005.

[86] 薛嘉庆. 最优化原理与方法 [M]. 北京：冶金工业出版社, 1983.

[87] NOCEDAL J, WRIGHT S. Numerical optimization [M]. Heidelberg: Springer Science & Business Media, 2006.

[88] DEB K. Multi - objective optimization [M] //Search methodologies. Boston, MA: Springer, 2014: 403 - 449.

[89] BENDSØE M P. Topology optimization [M]. US: Springer, 2009.

[90] ESCHENAUER H A, OLHOFF N. Topology optimization of continuum structures: a review [J]. Applied Mechanics Reviews, 2001, 54 (4): 331 - 390.

[91] SIGMUND O, MAUTE K. Topology optimization approaches [J]. Structural and Multidisciplinary Optimization, 2013, 48 (6): 1031 - 1055.

[92] SIGMUND O, TORQUATO S. Design of materials with extreme thermal expansion using a three - phase topology optimization method [J]. Journal of the Mechanics and Physics of Solids, 1997, 45 (6): 1037 - 1067.

[93] SIGMUND O, SØNDERGAARD J J. Systematic design of phononic band – gap materials and structures by topology optimization [J]. Philosophical Transactions of the Royal Society of London. Series A: Mathematical, Physical and Engineering Sciences, 2003, 361 (1806): 1001 – 1019.

[94] BENDSØE, M P, KIKUCHI N. Generating optimal topologies in structural design using a homogenization method [J]. Computer Methods in Applied Mechanics and Engineering, 1988, 71 (2): 197 – 224.

[95] DAVID C, D, STEVEN J. Cox Maximizing Band Gaps in Two – Dimensional Photonic Crystals [J]. SIAM Journal on Applied Mathematics, 1999 59 (6), 2108 – 2120.

[96] COX S J , DOBSON D C . Band Structure Optimization of Two – Dimensional Photonic Crystals in H – Polarization [M]. Pittsburgh: Academic Press Professional, 2000.

[97] MEN H , NGUYEN N C , FREUND R M , et al. Bandgap optimization of two – dimensional photonic crystals using semidefinite programming and subspace methods [J]. Journal of Computational Physics, 2010, 229 (10): 3706 – 3725.

[98] MEN H , NGUYEN N C , FREUND R M , et al. Design of photonic crystals with multiple and combined band gaps [J]. Physical Review E Statistical Nonlinear & Soft Matter Physics, 2011, 83 (2): 046703.

[99] 龚春娟，胡雄伟. 遗传算法优化设计三角晶格光子晶体 [J]. 物理学报，2007，56 (2): 927 – 932.

[100] LU Y , YANG Y , GUEST J K , et al. 3 – D phononic crystals with ultra – wide band gaps [J]. Scientific Reports, 2017, 7.

[101] YANG X W , LEE J S , KIM Y Y . Effective mass density based topology optimization of locally resonant acoustic metamaterials for bandgap maximization [J]. Journal of Sound and Vibration, 2016, 383: 89 – 107.

[102] KERN D J, WERNER D H, WILHELM M J, et al. Multi – band high impedance frequency selective surfaces [C] //Proc IEEE AP – S/URSI Symp Dig. 2002, 264.

[103] KERN D J, WERNER D H. A genetic algorithm approach to the design of ultra – thin electromagnetic bandgap absorbers [J]. Microwave and Optical Technology Letters, 2003, 38 (1): 61 – 64.

[104] YANG F, RAHMAT – SAMII Y. Microstrip antennas integrated with electromagnetic band – gap (ebg) structures: a low mutual coupling design for array applications [J]. IEEE Trans. on Antennas and Propag, 2003, 51 (4): 2936 – 2946.

[105] KERN D J, WERNER D H , MONORCHIO A , et al. The design synthesis of multi – band artificial magnetic conductors using high impedance frequency selective surfaces [J]. IEEE Trans. Antennas and Propag. , Special Issue on Artificial Magnetic Conductors, Soft/Hard Surfaces, and other Complex Surfaces, 2005, 53 (1): 8 – 17.

[106] CUI S, WEILE D S, VOLAKIS J L. Novel planar electromagnetic absorber designs using genetic algorithms [J]. IEEE Trans. Antennas and Propag. , 2006, 54 (6): 1811 – 1817.

[107] BOSSARD J A, WERNER D H, MAYER T S, et al. The design and fabrication of planar multiband metallodielectric frequency selective surfaces for infrared applications [J]. IEEE Trans. Antennas and Propag. , 2006, 54 (4): 1265 – 1276.

[108] DIAZ A R, SIGMUND O. A topology optimization method for design of negative permeability metamaterials [J]. Struct. Multidiscip. Optim, 2010, 41: 163 – 177.

[109] ZHOU S, LI W, CHEN Y, e al. Topology optimization for negative permeability metamaterials using level – set algorithm [J]. Acta Mater, 2011, 59: 2624 – 2636.

[110] SEARCH H, JOURNALS C, CONTACT A, et al. Topology optimization of patch – typed left – handed metamaterial configurations for transmission performance within the radio frequency band based on the genetic algorithm [Z]. 2012.

[111] Fujii G, Watanabe H, Yamada T, et al. Level set based topology optimization for optical cloaks Level set based topology optimization for optical cloaks [Z]. 2016.

[112] CHRISTIANSEN R E, SIGMUND O. Designing meta material slabs exhibiting negative refraction using topology optimization [J]. Struct. Multidiscip. Optim. 2016, 54 (2): 469 – 482.

[113] RAHMAT – SAMII B Y, KOVITZ J M, RAJAGOPALAN H. Nature – Inspired Optimization Techniques in Communication Antenna Designs [Z]. 2012.

[114] BAYRAKTAR Z. Novel meta – surface design synthesis via nature – inspired optimization algorithms [D]. 2011.

[115] VIAL B, HAO Y. Topology optimized all – dielectric cloak: design, performances and modal picture of the invisibility effect [J]. Optics express, 2015, 23 (18): 23551 – 23560.

[116] BOSSARD J A, WERNER D H. Metamaterials with angle selective emissivity in the near – infrared [J]. Optics express, 2013, 21 (5): 5215 – 5225.

[117] 许卫锴. 左手材料微结构构型优化设计 [D]. 大连: 大连理工大学, 2013.

[118] 史鹏飞. 特定性能电磁超材料微结构构型及功能器件优化设计 [D]. 大连: 大连理工大学, 2017.

[119] 董焱章. 贴片型左手超材料的传输性能分析和构型设计优化 [D]. 大连: 大连理工大

学，2013.

[120] 董浩文. 声/光超构材料的拓扑优化设计 [D]. 北京：北京交通大学，2017.

[121] 孔鹏. 频率选择表面宽带吸波体的参数设计与优化 [D]. 武汉：华中科技大学，2015.

[122] 尤龙. 全局混合算法及其在电磁优化中的应用 [M]. 成都：电子科技大学，2013.

[123] 杨阳. 电磁超材料吸波结构的研究及优化 [M]. 西安：西安电子科技大学，2011.

[124] ZHANG Q, LIU C, WAN X, et al. Machine - Learning Designs of Anisotropic Digital Coding Metasurfaces [J]. Advanced Theory and Simulations, 2018, 1 (16): 1800132.

[125] LIN Z, GROEVER B, CAPASSO F, et al. Topology - optimized multilayered metaoptics [J]. Physical Review Applied, 2018, 9 (4): 044030.

[126] SUI S, MA H, WANG J, et al. Symmetry - based coding method and synthesis topology optimization design of ultra - wideband polarization conversion metasurfaces [J]. Applied Physics Letters, 2016, 109 (1): 014104.

[127] SUI S, MA H, WANG J, et al. Absorptive coding metasurface for further radar cross section reduction [J]. Journal of Physics D: Applied Physics, 2018, 51 (6): 065603.

[128] SELL D, YANG J, DOSHAY S, et al. Periodic Dielectric Metasurfaces with High - Efficiency, Multiwavelength Functionalities [J]. Advanced Optical Materials, 2017, 5 (23): 1700645.

[129] HAJI - AHMADI M J, NAYYERI V, SOLEIMANI M, et al. Pixelated checkerboard metasurface for ultra - wideband radar cross section reduction [J]. Scientific reports, 2017, 7 (1): 11437.

[130] VOGIATZIS P, MA M, CHEN S, et al. Computational design and additive manufacturing of periodic conformal metasurfaces by synthesizing topology optimization with conformal mapping [J]. Computer Methods in Applied Mechanics and Engineering, 2018, 328: 477 - 497.

[131] GHADERI B, NAYYERI V, SOLEIMANI M, et al. Pixelated Metasurface for Dual - Band and Multi - Polarization Electromagnetic Energy Harvesting [J]. Scientific reports, 2018, 8 (1): 13227.

[132] FAN J A. High efficiency metasurfaces based on topology optimization (Conference Presentation) [C] //Metamaterials, Metadevices, and Metasystems 2018. International Society for Optics and Photonics, 2018, 10719: 107190V.

[133] HOLLAND J H. Adaptation in natural and artificial systems: an introductory analysis with applications to biology, control, and artificial intelligence [M]. Cambridge: MIT press, 1992.

[134] RECHENBERG I. Evolutionsstrategie—Optimierung technischer Systeme nach Prinzipien der biologischen Information [J]. Stuttgart - Bad Cannstatt: Friedrich Frommann Verlag, 1973.

[135] FOGEL L J. Intelligence through simulated evolution: forty years of evolutionary programming [M]. Hoboken: John Wiley & Sons, Inc., 1999.

[136] KOZA J R. Genetic programming: A paradigm for genetically breeding populations of computer programs to solve problems [M]. Stanford, CA: Stanford University, Department of Computer Science, 1990.

[137] HOLLAND J H. Concerning efficient adaptive systems [J]. Self – Organizing Systems, 1962, 230.

[138] BAGELEY J D. The behavior of adaptive systems which employ genetic and correlation algorithms [D]. Ann Arbor: Univ. of Michigan, 1967.

[139] HOLLSTIEN R B. Artificial genetic adaptation in computer control systems [D]. Ann Arbor: Univ. of Michigan, 1972.

[140] HOLLAND J H. Adaptation in natural and artificial systems [M]. Cambridge: MIT Press, 1975.

[141] GOLBERG D E. Genetic algorithms in search, optimization, and machine learning [J]. Addion wesley, 1989, 1989 (102): 36.

[142] 席裕庚，柴天佑，恽为民. 遗传算法综述 [D]. 上海：上海交通大学，1996.

[143] 玄光男，程润伟. 遗传算法与工程优化 [M]. 北京：清华大学出版社有限公司，2004.

[144] 马永杰，云文霞. 遗传算法研究进展 [J]. 计算机应用研究，2012，29 (4)：1201 – 1206.

[145] 汤可宗. 遗传算法与粒子群优化算法的改进及应用研究 [D]. 南京：南京理工大学，2011.

[146] 朱灿. 实数编码遗传算法机理分析及算法改进研究 [D]. 长沙：中南大学，2009.

[147] WEILE D S, MICHIELSSEN E. Genetic algorithm optimization applied to electromagnetics: A review [J]. IEEE Transactions on Antennas and Propagation, 1997, 45 (3): 343 – 353.

[148] GOLDBERG D E, SAMTANI M P. Engineering optimization via genetic algorithm [C] // Electronic computation. ASCE, 1986: 471 – 482.

[149] PEZZELLA F, MORGANTI G, CIASCHETTI G. A genetic algorithm for the flexible job – shop scheduling problem [J]. Computers & Operations Research, 2008, 35 (10): 3202 – 3212.

[150] KIKUCHI S, TOMINAGA D, ARITA M, et al. Dynamic modeling of genetic networks using genetic algorithm and S – system [J]. Bioinformatics, 2003, 19 (5): 643 – 650.

[151] GEN M, CHENG R, LIN L. Network models and optimization: Multiobjective genetic algorithm approach [M]. Heidelberg: Springer Science & Business Media, 2008.

[152] LAUTENBERGER C, REIN G, FERNANDEZ – PELLO C. The application of a genetic

algorithm to estimate material properties for fire modeling from bench - scale fire test data [J]. Fire safety journal, 2006, 41 (3): 204 - 214.

[153] REYNOLDS C W. Flocks, herds and schools: A distributed behavioral model [C] //ACM SIGGRAPH computer graphics. ACM, 1987, 21 (4): 25 - 34.

[154] HEPPNER F, GRENANDER U. A stochastic nonlinear model for coordinated bird flocks [J]. The ubiquity of chaos, 1990, 233: 238.

[155] EBERHART R, KENNEDY J. A new optimizer using particle swarm theory [C] //MHS'95. Proceedings of the Sixth International Symposium on Micro Machine and Human Science. Ieee, 1995: 39 - 43.

[156] SHI Y. Particle swarm optimization: developments, applications and resources [C] // Proceedings of the 2001 Congress on Evolutionary Computation (IEEE Cat. No. 01TH8546). IEEE, 2001, 1: 81 - 86.

[157] COELLO C A C, PULIDO G T, LECHUGA M S. Handling multiple objectives with particle swarm optimization [J]. IEEE Transactions on evolutionary computation, 2004, 8 (3): 256 - 279.

[158] TRELEA I C. The particle swarm optimization algorithm: convergence analysis and parameter selection [J]. Information processing letters, 2003, 85 (6): 317 - 325.

[159] EBERHART R C, SHI Y. Comparison between genetic algorithms and particle swarm optimization [C] //International conference on evolutionary programming: Heidelberg Springer, 1998: 611 - 616.

[160] CLERC M. Particle swarm optimization [M]. Hobken: John Wiley & Sons, 2010.

[161] 杨维，李歧强. 粒子群优化算法综述 [J]. 中国工程科学，2004，6 (5): 87 - 94.

[162] 高鹰，谢胜利. 免疫粒子群优化算法 [D]. 广州：华南理工大学，2004.

[163] 袁晓辉，王乘，张勇传，等. 粒子群优化算法在电力系统中的应用 [J]. 电网技术，2004，28 (19): 14 - 19.

[164] 张丽平，俞欢军，陈德钊，等. 粒子群优化算法的分析与改进 [J]. 信息与控制，2004，33 (5): 513 - 517.

[165] 张丽平. 粒子群优化算法的理论及实践 [D]. 杭州：浙江大学，2005.

[166] SHI Y, EBERHART R C. Fuzzy adaptive particle swarm optimization [C] //Proceedings of the 2001 Congress on Evolutionary Computation (IEEE Cat. No. 01TH8546). IEEE, 2001, 1: 101 - 106.

[167] KENNEDY J, EBERHART R C. A discrete binary version of the particle swarm algorithm [C] // 1997 IEEE International conference on systems, man, and cybernetics. Computational cybernetics and simulation. IEEE, 1997, 5: 4104 – 4108.

[168] 刘军民，高岳林. 混沌粒子群优化算法 [J]. 计算机应用，2008，28 (2)：322 – 325.

[169] 赵英国. 应用粒子群优化算法设计多层微波吸收材料 [J]. 安庆师范学院学报（自然科学版），2011 (4)：19.

[170] ROBINSON J, RAHMAT – SAMII Y. Particle swarm optimization in electromagnetics [J]. IEEE transactions on antennas and propagation, 2004, 52 (2): 397 – 407.

[171] MEISSNER M, SCHMUKER M, SCHNEIDER G. Optimized Particle Swarm Optimization (OPSO) and its application to artificial neural network training [J]. BMC bioinformatics, 2006, 7 (1): 125.

[172] CUI Y, FUNG H K, XU J, et al. Ultrabroadband light absorption by a sawtooth anisotropic metamaterial slab [J]. Nano Letters, 2012, 12: 1443 – 1447.

[173] DING F, CUI Y, GE X, et al. Ultra – broadband microwave metamaterial absorber [J]. Applied Physics Letters, 2012, 100: 103506.

[174] HUANG L, CHOWDHURY D R, RAMANI S, et al. Experimental demonstration of terahertz metamaterial absorbers with a broad and flat high absorption band [J]. Optics Letters, 2012, 37 (2): 154 – 156.

[175] DUBEY A, SHAMI T C. Metamaterials in electromagnetic wave absorbers [J]. Defence Science Journal, 2012, 62 (4): 261 – 268.

[176] ZHOU J, KAPLAN A F, CHEN L, et al. Experiment and theory of the broadband absorption by a tapered hyperbolic metamaterial array [J]. ACS photonics, 2014, 1 (7): 618 – 624.

[177] MARRA F, LECINI J, TAMBURRANO A, et al. Electromagnetic wave absorption and structural properties of wide – band absorber made of graphene – printed glass – fibre composite [J]. Scientific reports, 2018, 8 (1): 12029.

[178] XIE J, ZHU W, RUKHLENKO I D, et al. Water metamaterial for ultra – broadband and wide – angle absorption [J]. Optics express, 2018, 26 (4): 5052 – 5059.

[179] 王文涛，张鹏飞，龚书喜，等. 附加延时线的阵列天线模式项 RCS 缩减优化 [J]. 西安电子科技大学（自然科学版），2011 (38)：2.

[180] PORS A, ALBREKTSEN O, RADKO I P, et al. Gap plasmon – based metasurfaces for total control of reflected light [J]. Scientific Reports, 2013, 3: 2155.

[181] PORS A, BOZHEVOLNYI S I. Gap plasmon – based phase – amplitude metasurfaces: material

constraints [J]. Optical Materials Express, 2015, 5 (11): 2448 - 2458.

[182] FARMAHINI - FARAHANI M, CHENG J R, MOSALLAEI H. Metasurfaces nanoantennas for light processing [J]. Journal Of the Optical Society Of America B - Optical Physics, 2013, 30 (9): 2365 - 2370.

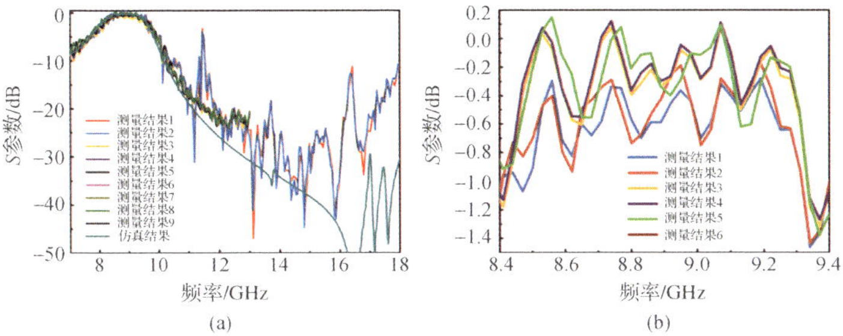

图 3－7　传输系数测量结果

（a）7～18GHz 内结果；（b）8.4～9.4GHz 内结果。

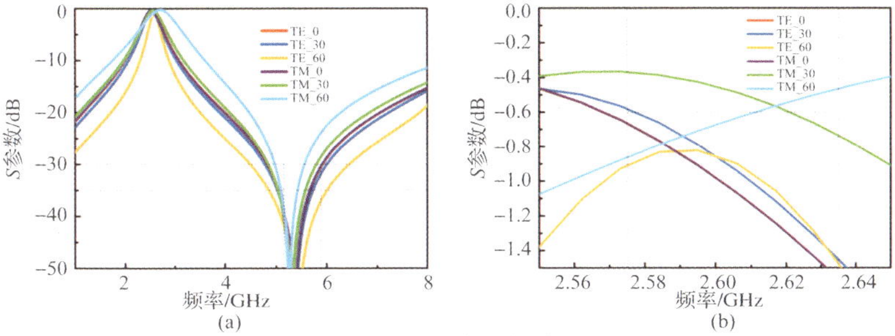

图 3－18　S21 参数仿真结果

（a）1～8GHz 内结果；（b）2.55～2.65GHz 内结果。

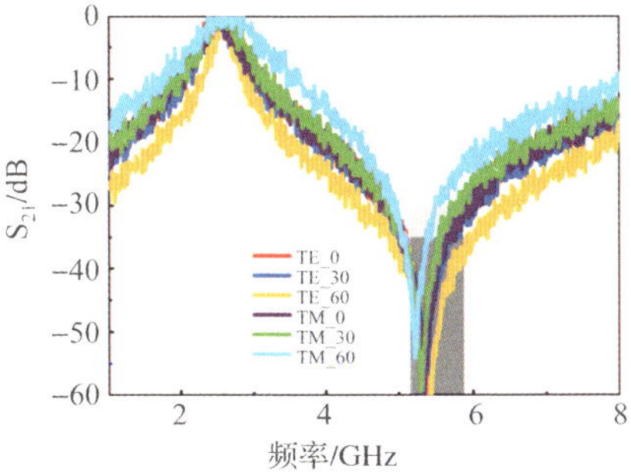

图 3－20　S_{21} 参数测试结果

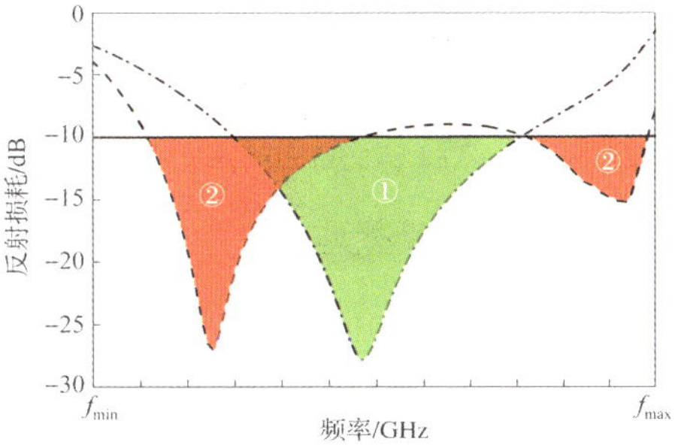

图 4－3　吸波材料目标函数定义示意图

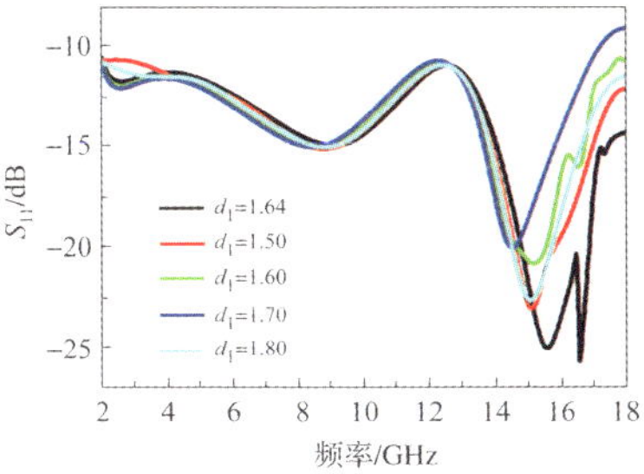

图 4－10　蒙皮厚度对材料反射率的影响

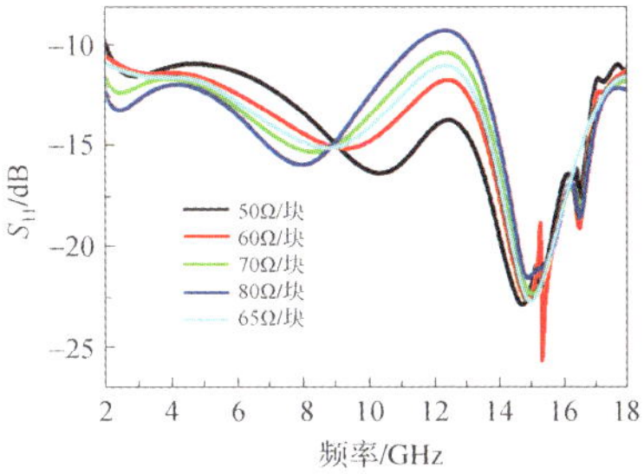

图 4－11　电阻膜方阻值对材料反射率的影响

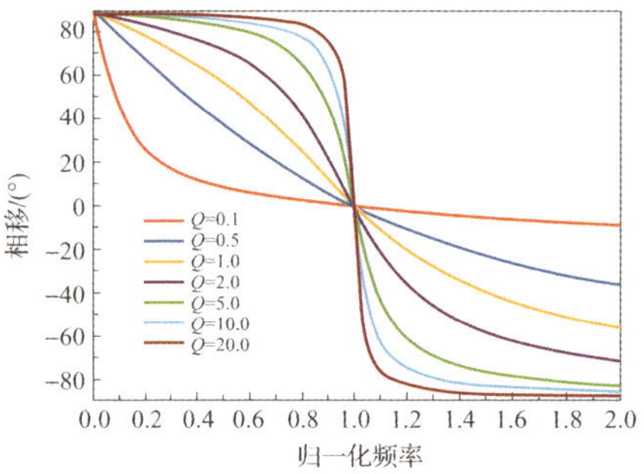

图 5－4　相移与品质因数 Q 的关系

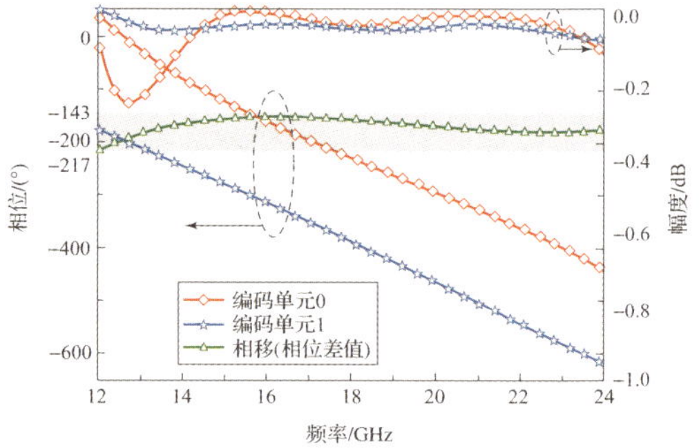

图 5－7　优化后编码单元反射相位曲线

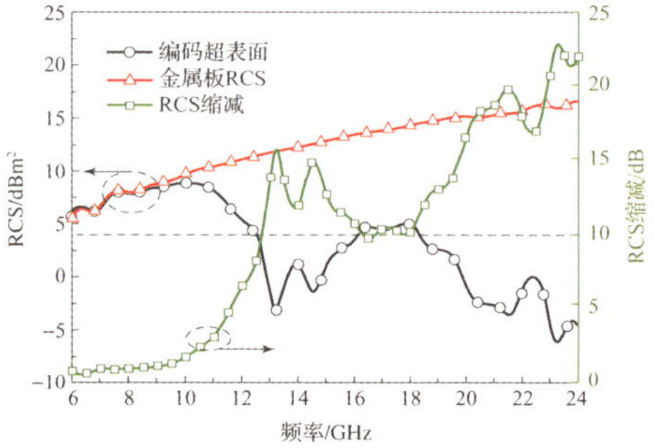

图 5－13　法向 RCS 对比图

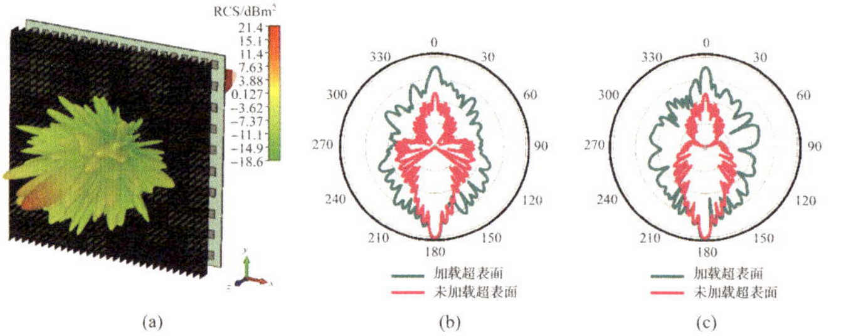

图 5－22　仿真结果

（a）加载超表面的阵列天线 RCS；（b）和（c）分别为天线辐射场 E 面和 H 面，从加载超表面和未加载超表面对比来看，天线主瓣的辐射特性无明显差异。

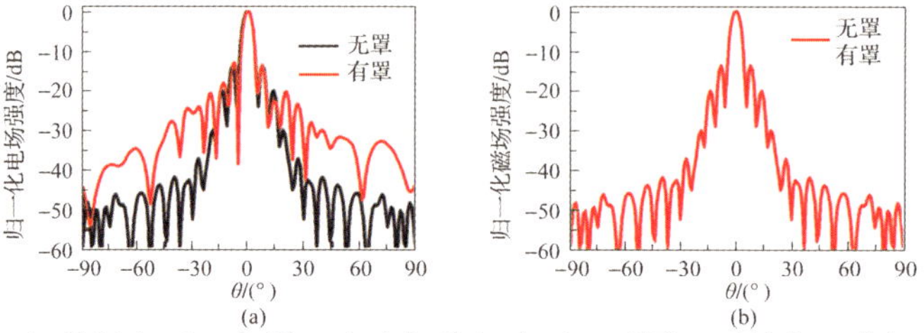

图 5－25　加载超表面（有罩）和未加载超表面（无罩）天线归一化辐射方向图

（a）E 面；（b）H 面。

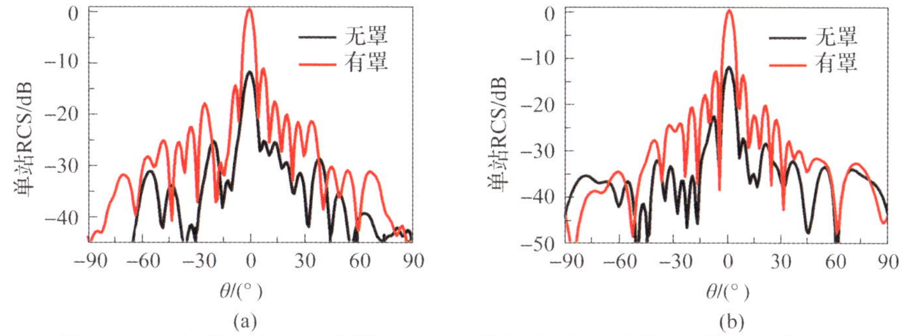

图 5－26　加载超表面（有罩）和未加载超表面（无罩）天线归一化 RCS

（a）$\phi=0°$；（b）$\phi=90°$。

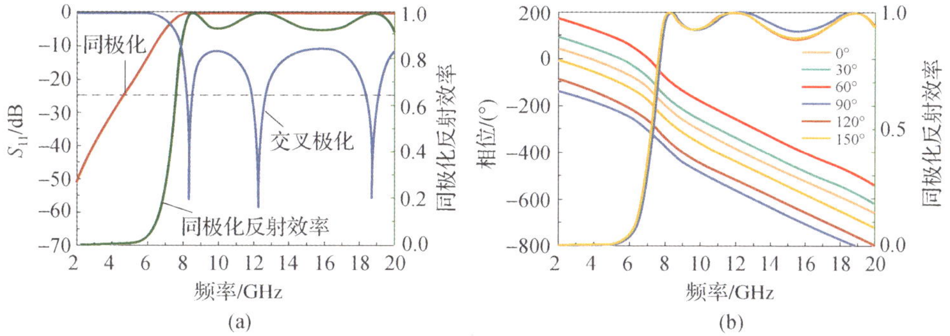

图 5－32　圆极化入射条件下编码单元一和编码单元二传输特性

（a）编码单元“0”和“1”圆极化同极化反射效率；

（b）改变编码单元上“工”字形结构角度时，同极化反射效率和相移。

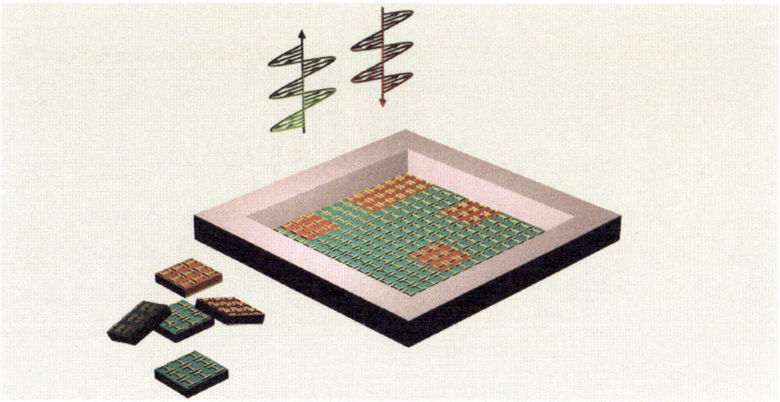

图 5－33　通过调节编码占空比实现反射幅度调控示意图

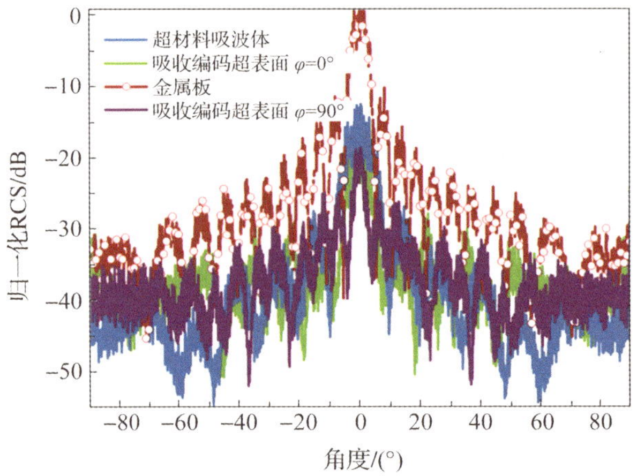

图 6-9　10GHz 频点处后向散射 RCS 对比图

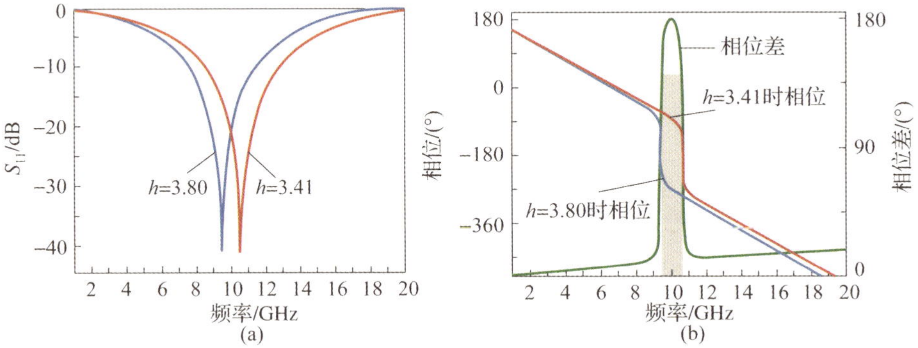

图 6-13　编码单元“0”和“1”的反射幅度和反射相位

（a）反射幅度；（b）反射相位。

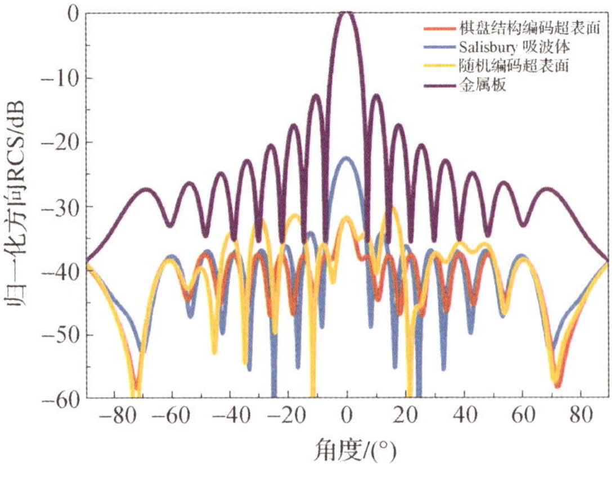

图 6-15　$\varphi=0$ 时归一化后向 RCS 对比图